U0255317

高等院校"十四五"经济管理类课程实验指导丛书

应用多元统计分析实验指导

EXPERIMENTAL
GUIDANCE OF
APPLIED
MULTIVARIATE
STATISTICS
ANALYSIS

陈志芳　刘　勇　李国晖◎主编

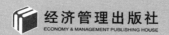

经济管理出版社
ECONOMY & MANAGEMENT PUBLISHING HOUSE

图书在版编目（CIP）数据

应用多元统计分析实验指导/陈志芳，刘勇，李国晖主编．—北京：经济管理出版社，2020.12
ISBN 978-7-5096-6977-8

Ⅰ.①应… Ⅱ.①陈… ②刘… ③李… Ⅲ.①多元分析—统计分析—实验 Ⅳ.①O212.4-33

中国版本图书馆 CIP 数据核字（2020）第 247357 号

组稿编辑：王光艳
责任编辑：詹　静
责任印制：黄章平
责任校对：董杉珊

出版发行：经济管理出版社
　　　　　（北京市海淀区北蜂窝 8 号中雅大厦 A 座 11 层　100038）
网　　址：www.E-mp.com.cn
电　　话：（010）51915602
印　　刷：北京晨旭印刷厂
经　　销：新华书店
开　　本：787mm×1092mm/16
印　　张：10.75
字　　数：254 千字
版　　次：2022 年 2 月第 1 版　　2022 年 2 月第 1 次印刷
书　　号：ISBN 978-7-5096-6977-8
定　　价：58.00 元

《经济管理方法类课程系列实验教材》编委会

总序

General order

　　随着各种定量分析方法在经济管理中的应用与发展，各高校均在经济管理类各专业培养计划的设置中增加了许多方法类课程，如统计学、计量经济学、时间序列分析、金融时间序列分析、SPSS 统计软件分析、多元统计分析、概率论与数理统计等。对于这些方法类课程，很多学生认为学起来比较吃力，由于数据量较大、计算结果准确率偏低，学生容易产生畏难情绪，这影响了他们进一步学习这些课程的兴趣。事实上，这些课程的理论教学和实验教学是不可分割的两个部分。其理论教学是对各种方法的逐步介绍，而仅通过理论教学无法对这些方法形成非常完整的概念，所以实验教学就肩负着引导学生实现理性的抽象向理性的具体飞跃，对知识意义进行科学的建构，对所学方法进行由此及彼、由表及里的把握与理解的任务。

　　通过借助于专业软件的实验教学，通过个人实验和分组实验，学生能够体验到认知的快乐、独立创造的快乐、参与合作的快乐等，从而提高学习兴趣。

　　此外，在信息时代，作为数据处理和分析技术的统计方法日益广泛地应用于自然科学和社会科学研究、生产和经营管理及日常生活中。国内很多企业开始注重数据的作用，并引入了专业软件作为定量分析工具，掌握这些软件的学生在应聘这些岗位时拥有明显的优势。学生走上工作岗位后，在日常工作中或多或少地会有处理统计数据的工作，面对海量的数据，仅凭一张纸和一支笔是无法在规定的时间内准确无误地完成工作的。我们经常会遇到学生毕业后回到学校向老师请教如何解决处理统计数据问题的情况，如果他们在学校里经过系统的实验培训与学习，这些问题将会迎刃而解。这也是本系列教材出版的初衷。

　　本系列教材力求体现以下特点：

　　第一，注重构建新的实验理念，拓宽知识面，内容尽可能新且贴近财经类院校的专业特色。

　　第二，注重理论与实践相结合，突出重点、详述过程、淡化难点、精炼结论，加强直观印象，立足学以致用。

　　感谢经济管理出版社的同志们，他们怀着极大的热情和愿望，经过反复论证，使这套系列教材得以出版。感谢参与教材编写的各位同仁，愿大家的辛勤耕耘收获累累硕果。

杜金柱

2021 年 11 月于呼和浩特

前言
Preface

多元统计分析是统计学科的一个重要分支。随着计算机技术的飞速发展以及统计分析软件的广泛开发与利用，多元统计分析在国民经济建设与管理等许多领域都有着越来越广泛的应用，特别是对多维数据的处理分析已成为不可或缺的重要工具。

为了满足少数民族地区普通财经类院校多元统计分析课程实践教学的需要，编者在近些年教学实践的基础上，本着由简入难、循序渐进、便于学习的原则，精心编写了此书。本书从多元统计分析基本理论与方法的实验原理出发，讲述了多元统计分析的基本方法与步骤，并针对不同的统计分析方法，精心挑选出经济管理领域中的一些典型案例，利用统计分析软件进行了实证分析。

本书可作为统计学专业多元统计分析课程实验教学的教程，也可作为非统计专业学生学习多元统计分析方法的参考书。内容的编排突出了统计分析软件应用的方法、步骤及注意的问题，详尽阐述了对统计软件输出结果的分析过程，其目的在于教会学生熟练使用统计软件，学会对输出结果的分析，从而培养学生实际操作能力和分析解决问题的能力。

本书共包含基础篇和综合篇两部分。其中，基础篇包含SPSS软件操作简介、聚类分析、判别分析、主成分分析、因子分析、对应分析、典型相关分析和多变量的可视化分析八个实验项目；综合篇包含三个综合实验，每一个实验项目都包括了实验目的、实验原理、实验过程、实验结论与应用练习等内容，层次清晰、内容完整、案例恰当，有利于学生通过基本实验操作训练，加深对多元统计分析的基本理论和方法的理解，达到学以致用的目的。

本书由内蒙古财经大学统计与数学学院陈志芳、刘勇、李国晖共同编写。在编写过程中，各部分内容都经过反复讨论和多次修改，并自始至终得到了内蒙古财经大学统计与数学学院领导和老师们的支持与帮助。限于编者的水平，书中难免存在一些不足，敬请读者批评指正。

编者
2021 年 11 月于呼和浩特

目录
Contents

下篇　综合篇

上 篇

基础篇

第 1 章 SPSS 软件简介

1.1 实验目的

本实验旨在使学生理解并掌握 SPSS 软件的安装过程，并学会录入数据、建立文档及保存文档。

1.2 实验原理

1.2.1 SPSS 软件的产生与发展

SPSS 是"社会科学统计软件包"（Statistical Package for the Social Science）的简称，是在 SPSS/PC+ 基础上发展起来的统计分析软件包，是一种集成化的计算机数据处理应用软件。1968 年，美国斯坦福大学 H. Nie 等三位大学生开发了最早的 SPSS 统计软件，并于 1975 年在芝加哥成立了 SPSS 公司，到目前为止已有 40 余年的成长历史，全球约有 30 多万家产品用户，广泛分布于通信、医疗、银行、证券、保险、制造、商业、市场研究、科研、教育等多个领域和行业。SPSS 是世界上公认的三大数据分析软件之一（SAS、SPSS 和 SYSTAT）。1994~1998 年，SPSS 公司陆续购并了 SYSTAT 公司、BMDP 公司等，由原来单一统计产品开发转向企业、教育科研及政府机构提供全面信息统计决策支持服务。随着 SPSS 服务领域的扩大和深度的增加，SPSS 公司已决定将其全称更改为 Statistical Product and Service solutions（统计产品与服务解决方案）。

目前，SAS 和 SPSS 被公认为世界上最著名的数据分析软件。由于 SAS 是专门为专业统计分析人员设计的，它具有功能强大和灵活多样的特点。SPSS 是为广大的非专业人士设计的，它操作简便、好学易懂、简单实用，因而很受非专业人士的青睐。此外，和 SAS 软件比起来，SPSS 软件主要是针对社会科学研究领域开发的，它更适合应用于教育科学研究，因此自它产生以来就是国外教育科研人员必备的科研工具。自 1988 年以来，在中国高教学会的大力推广下，SPSS 软件也逐渐成为我国教育科研人员最常用的工具。

1.2.2　软件的特点

SPSS 软件之所以深受各领域人士的青睐，与其操作简单、界面清晰等特点是分不开的。本章主要以 SPSS 19.0 版本为例来介绍这款软件地基本功能和特点。

第一，SPSS 软件是集数据录入、资料编辑、数据管理、统计分析、报表制作、图形绘制为一体。从理论上说，只要计算机硬盘和内存足够大，无论文件中包含多少个变量或者数据中包含多少个案例，SPSS 都可以非常轻松地进行数据的处理。

第二，SPSS 软件的统计功能囊括了各种成熟的统计方法与模型，包括常规的集中量数和差异量数、相关分析、回归分析、方差分析、卡方检验、t 检验和非参数检验；也包括近期发展的多元统计技术，如多元回归分析、聚类分析、判别分析、主成分分析和因子分析等方法，并能在屏幕上显示如正态分布图、直方图、散点图等各种统计图表。从某种意义上讲，SPSS 软件还可以帮助数学功底不好的使用者学习运用现代统计技术。使用者仅需要关心某个问题应该采用何种统计方法，并初步掌握对计算结果的解释，而不需要了解其具体运算过程，可以在使用手册的帮助下定量分析数据。

第三，自 1995 年以来，SPSS 公司与微软公司合作开发了新一代的 SPSS 界面，此界面变得越来越友好，操作也越来越简单。熟悉微软公司产品的用户学起 SPSS 操作很容易上手。SPSS for Windows 界面完全是菜单式，一般稍有统计基础的人经过三天培训即可用 SPSS 做简单的数据分析，包括绘制图表、简单回归、相关分析等，关键在于如何进行结果分析及解释，这一方面需要学习一些数理统计的基本知识，另一方面也要多进行实践，在实践中了解各种统计结果的实际意义。

1.2.3　SPSS 软件的应用环境

SPSS 软件对计算机硬件的要求并不高，但由于 SPSS 的主要用途是面向大型数据库，它的运算涉及的数据量比较多，因此一般需要有较高的内存。此外，如果用户还要进行多因素分析、生存分析之类的大运算量分析，计算机至少要有 512MB 的内存。

1.2.3.1　SPSS 软件对计算机硬件的基本要求

（1）Pentium 系列的处理器。

（2）至少 512MB 的内存。对于巨量数据的管理和复杂的统计分析，1GB 的内存能够保证较为理想的数据运行速度。

（3）至少 1GB 的硬盘剩余空间。如果想要将 SPSS 软件的各模块全部安装，至少需要约 800MB 的硬盘剩余空间，只安装 SPSS 模块需要约 473MB 的硬盘剩余空间。

（4）CD-ROM 光盘驱动器，这是用光盘安装 SPSS 的基本要求。从网上下载安装 SPSS 软件就不需要光驱了。

（5）S-VAD 显示器和 Windows 2000/XP/Vista/7 兼容的图形适配卡。

（6）支持 TCP/IP 网络协议的网络适配卡，用于访问 SPSS 公司的服务器，以获得服务和软件的升级。

1.2.3.2　建议安装的软件

由于新版本的 SPSS 软件可以在中文操作系统下运行，而且它在含有中文的数据文件和图表等兼容性方面也有了很大的改善，因此它不会再出现在早期版本中经常遇到的乱码等问题，所以我们建议大家安装如下软件：

（1）Windows 98/Me/2000/XP/2003 操作系统。如果需要支持 SPSS 软件的中文输入和输出，应安装中文操作系统。

（2）Internet Explorer 6 或以上版本。

（3）Adobe Reader。为阅读 PDF 格式的帮助文件和 SPSS 分析软件的相关文档，应安装 PDF 阅读器。

（4）SPSS Data Access Pack。此软件提供不同的数据类型和不同数据库共享的解决方案，如果需要 Access、Btrieve、DB2、dBase、Excel 等常用数据文件，可选择安装此软件。

1.2.4　SPSS 软件的安装与卸载

1.2.4.1　SPSS 软件的安装

SPSS 软件的安装如同其他 Windows 应用软件一样，在"安装向导"提示下完成即可。本部分我们详细地介绍一下 SPSS 软件的安装步骤。

（1）开机，启动计算机至 Windows 桌面，找到已经下载到计算机上的 SPSS 安装程序，并双击 SPSS 软件安装包，打开安装"向导"界面，如图 1-1、图 1-2 所示。

图 1-1　SPSS 安装包

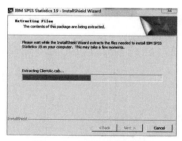

图 1-2　正在安装程序

（2）出现正在安装对话框，系统正在配置 Windows Installer，以向导方式完成软件安装，如图 1-3 所示。

（3）接下来是 SPSS 软件简介，单击【下一步】按钮，如图 1-4 所示。

（4）出现"欢迎使用 IBM SPSS Statistics 19.0"向导，选择"单个用户许可证"并单击【下一步】按钮，如图 1-5 所示。

（5）在接下来的对话框中，选中【我接受许可协议中的全部条款】单选按钮，然后单击【下一步】按钮，如图 1-6 所示。

（6）出现【客户信息】页面，输入用户姓名和单位，然后单击【下一步】按钮，如图 1-7 所示。

（7）确定"目的地文件夹"的安装路径，如果需要修改就单击【更改】按钮，如果不需要修改就单击【下一步】按钮，如图 1-8 所示。

图 1-3　正在准备安装界面

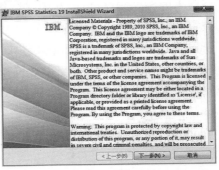

图 1-4　安装界面

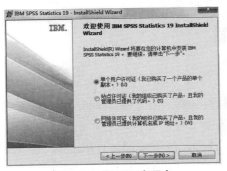

图 1-5　许可证选项卡

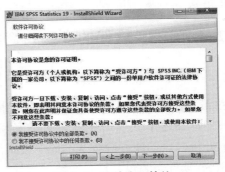

图 1-6　软件许可协议

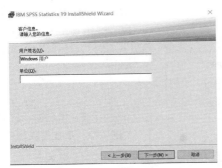

图 1-7　用户姓名和单位

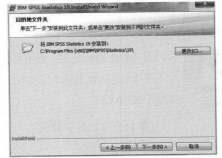

图 1-8　设置安装路径

（8）在接下来的对话框中，出现【已做好安装程序的准备】页面，单击【安装】按钮即可进行软件的安装，如图 1-9、图 1-10 所示。

（9）接下来的对话框是 IBM 公司的授权许可证页面，单击【确定】按钮，启动授权。在【产品授权】页面中选中【立即授予产品许可证】单选按钮，单击【下一步】按钮，如图 1-11、图 1-12 所示。

（10）在"输入代码"页面中输入授权代码，如图 1-13 所示，单击【下一步】按钮即可授权成功，授权成功后下次启动软件时许可将生效。

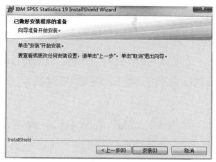

图 1-9　准备安装程序

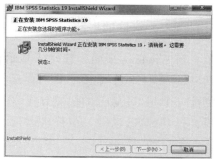

图 1-10　正在安装程序

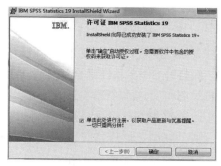

图 1-11　获取许可证

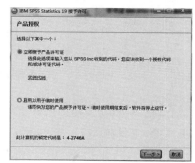

图 1-12　产品授权

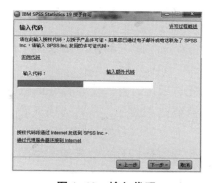

图 1-13　输入代码

1.2.4.2　SPSS 19.0 的卸载

（1）在 Windows 的【开始】菜单中，选择【控制面板】→【程序】→【卸载程序】命令，弹出【卸载或更改程序】对话框。

（2）在程序列表中选择"IBM SPSS Statistics 19.0"选项，然后右键单击选择【卸载】按钮。

（3）在执行完删除命令后，单击【确定】按钮，此时将成功的删除 SPSS 软件。

1.2.5 SPSS 软件的启动与退出

1.2.5.1 SPSS 软件的启动

第一步，在 Windows 桌面，选择【开始】→【所有程序】→【IBM SPSS Statistics】→【IBM SPSS Statistics 19.0】命令，即开始运行 SPSS 软件。当 SPSS 软件安装结束后，可以在桌面上创建一个 SPSS 软件的快捷方式。

第二步，打开 SPSS 软件，在首次运行 SPSS 软件时，会弹出图 1-14 所示的对话框，该对话框主要是启动引导窗口。

图 1-14　SPSS 文件对话框

此对话框中的"您希望做什么"栏内共有六个选项，选择不同选项将会打开不同类型的文件。除了这六个选项之外，在该对话框的最下端还有一个复选框【以后不再显示此对话框】。如果选择此复选框，在今后打开 SPSS 软件时，就不会再显示此对话框，否则每一次打开 SPSS 软件都会激活此对话框。

下面我们将对这六个选项逐一介绍。

（1）运行教程：此选项是运行操作指导，如果选择此项，则可以浏览操作指导。

（2）输入数据：此选项是在数据窗口中输入数据选项的。如果选择此项将显示数据编辑窗口，大家可以输入新的数据建立数据文件。

（3）运行现有查询：此选项是运行一个已存在的问题文件选项。如果选择此项，会让大家选择一个扩展名为 .sqp 的文件。

（4）使用数据库向导创建新查询：此选项是使用数据库向导来创造一个新的数据文件选项。

（5）打开现有的数据源：此选项是打开一个已存在的数据源程序，使用该选项能打开一个扩展名为 *.sav 的文件。需要注意的是，在此选项下面一栏显示了所有的数据文件列表以及近期打开过的数据文件，大家可以直接从列表中选择需要打开的文件。

（6）打开其他文件类型：此选项是打开一个其他类型的文件。

可以根据用户的需求在以上几项中做出选择，然后单击"确定"按钮，就可以继续操作。

1.2.5.2 SPSS 软件的退出

SPSS 软件有以下几种退出方法：

（1）单击 SPSS 窗口右上角的图标■■■，即可退出。

（2）在菜单栏中选择【文件】→【退出】命令，即可退出。

（3）对着 SPSS 窗口左上角的窗口控制菜单图标双击，即可关闭 SPSS 窗口。

（4）在键盘上按组合键"Alt+F4"即可关闭 SPSS 窗口。

1.2.6　SPSS 软件的工作窗口

在学习 SPSS 软件的工作环境之前，应该先知道 SPSS 界面的组成以及各组成部分的功能及特点。启动 SPSS 后，即可打开 SPSS 的默认工作界面，如图 1-15 所示。SPSS 是由多个窗口组成的，各个窗口都有自己的作用。但如果要快速入门，只需要熟悉 SPSS 中的三个窗口，即数据编辑窗口、输出窗口和语法窗口。

1.2.6.1　数据编辑窗口

数据视图是 SPSS 打开的默认窗口，其标题栏上标有"未标题 1［数据 0］"，即未命名的数据编辑窗口。在该窗口中有一个可扩展的平面二维表格，可以在此窗口中编辑数据文件。单击数据编辑窗口左下角的"变量视图"标签，可切换到变量视图窗口中，如图 1-16 所示。数据视图窗口主要用来编辑数据文件，而变量视图窗口则是用来编辑变量，必须先定义变量的名称才能在数据编辑窗口中输入数据。

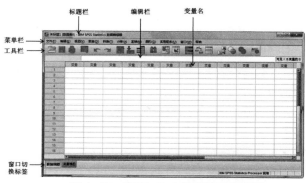

图 1-15　SPSS 19.0 的默认工作界面

（1）标题栏：SPSS 软件中的标题栏与其他文字处理软件中的标题栏一样，都是用于显示当前打开的文件的名称，及最小化按钮、最大化按钮和关闭按钮。

（2）菜单栏：数据编辑窗口中的菜单栏列出了 SPSS 软件中的所有命令菜单，每个菜单对应于一组相应的功能命令。各菜单名及功能如表 1-1 所示。

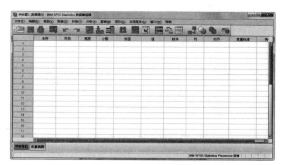

图 1-16　【变量视图】窗口

表 1-1　数据编辑窗口中的菜单项及其功能

菜单项	包括的命令项
文件	新建数据文件、文件的打开、保存、另存为、读取数据文件等
编辑	撤销、剪切、复制、粘贴、插入变量、查找、替换等
视图	状态栏、工具栏、菜单编辑器、字体、网格线等
数据	定义变量属性、定义日期、排列变量、复制数据集等
转换	计算变量、自动重新编码、随机数字生成器等
分析	描述统计、表格、回归分析、非参数检验、复杂抽样等

续表

菜单项	包括的命令项
直销	选择方法
图形	图标构建程序、图形画板模板选择程序等
实用程序	变量列表、评分向导、数据文件注释、运行脚本等
窗口	拆分窗口、所有窗口最小化
帮助	主题、教程、个案研究、统计辅导、SPSS Inc. 主页等

（3）工具栏：工具栏主要用来列出一些常用命令的快捷图标，如"打开" 、"保存" 和"打印" 等。

（4）编辑栏：编辑栏主要用来输入数据，它与 Excel 中编辑栏的功能相似。如果在 SPSS 软件中输入数据时，可以选择某个单元格，在编辑栏中输入数据即可显示在该单元格中。

（5）变量名：变量名这一栏主要用来显示当前定义的变量，要定义变量需要在变量定义窗口中进行操作。

（6）编辑区：编辑区主要以变量名与行号组成，每一行在 SPSS 软件中叫作一个个案，它的组成与 Excel 类似。

1.2.6.2　输出窗口

输出窗口是显示和管理 SPSS 统计分析结果、报表和图形的窗口。单击【文件】→【新建】→【输出】命令，即可打开输出窗口，如图 1-17 所示。在 SPSS 中还可以同时打开多个输出窗口，如打开一个输出窗口后，再次单击【文件】→【新建】→【输出】命令即可弹出第二个输出窗口，其名称分别位于标题栏上（其默认名称分别是：输出 1、输出 2、输出 3 等），如图 1-18 所示。如果当前打开了多个输出窗口，可以直接单击某个窗口的标题栏来激活，被激活的窗口将置于最前面。

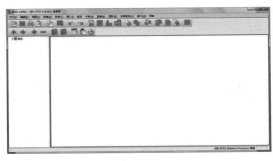

图 1-17　输出窗口

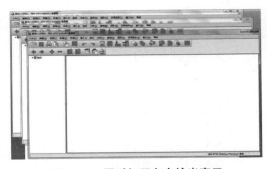

图 1-18　同时打开多个输出窗口

输出窗口中从上至下，分别是由标题栏、菜单栏、工具栏、输出文本窗口、输出导航窗口和状态栏组成。下面对这些组成部分进行详细的介绍。

（1）标题栏：标题栏位于输出窗口的最上方，显示的是当前打开的输出窗口的名称及最小化按钮、最大化按钮和关闭按钮，如图 1-19 所示。

图 1-19　标题栏

（2）菜单栏：输出窗口中一共包括了 13 个菜单，它比数据编辑窗口多了两个菜单，分别是"插入"和"格式"。"插入"菜单主要功能是用来插入或清除分页符、添加新标题、文本、图像等；"格式"菜单的主要功能是用来设置对齐的。菜单栏如图 1-20 所示。

文件(F)　编辑(E)　视图(V)　数据(D)　转换(T)　插入(I)　格式　分析(A)　直销(M)　图形(G)　实用程序(U)　窗口(W)　帮助

图 1-20　菜单栏

（3）工具栏：工具栏由各种功能的图标按钮组成，是各种常用功能命令的快捷操作方式，如图 1-21 所示。

图 1-21　工具栏

对于工具栏的位置，用户可以根据自己的习惯进行放置，可以将工具栏拖动到窗口中的任何位置。其方法是，将鼠标放在工具栏的下方按住鼠标左键进行拖动，当拖动到所需位置时再松开鼠标即可，如图 1-22 所示。

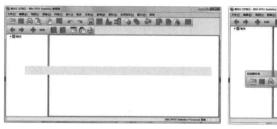

图 1-22　拖动工具栏

（4）输出文本窗口：输出文本窗口主要用来显示输出信息，包括输出标题、文本、表格和统计图。可以对该窗口中的内容使用鼠标、键盘和 Edit 菜单项的各种命令进行编辑。输出文本窗口位于输出窗口的右侧，如图 1-23 所示。

（5）输出导航窗口：输出导航窗口是浏览输出信息的导航器，位于输出窗口的左侧，它以树形结构给出输出信息的提纲，如图 1-24 所示。

图 1-23　输出文本窗口　　　　　图 1-24　输出导航窗口

（6）状态栏：状态栏位于输出窗口的最下面一行，它共分为五个区，分别是"信息区""指定状态显示区""处理状态区""观测量计数显示区"和"输出窗口中被选中对象的大小显示区"，如图1-25所示。我们还可以用鼠标指向状态栏上的每个分区，会在鼠标旁弹出该区的功能解释。

图1-25　状态栏

在输出窗口中只能打开 Viewer document（＊.spo）输出文件、SYNTAX（＊.sps）SPSS 语句文件、Draft Viewer document（＊.rft）简化的输出文件、SPSS Script（＊.sbs）脚本文件，还有无格式的文本文件（＊.txt）。文本文件和其他各类型文件只能在窗口中编辑。

1.2.6.3　语法窗口

单击【文件】→【新建】→【语法】命令打开语法窗口，如图1-26所示。

图1-26　语法窗口

从图1-26中可以看到，语句窗口从上至下是由标题栏、菜单栏、工具栏和语句编辑区和状态栏五个部分组成的。下面依次介绍这五个部分的功能。

（1）标题栏。标题栏位于语法窗口的顶部，用于显示当前语法窗口的名称和最小化、最大化、关闭三个按钮，如图1-27所示。标题栏的默认名称为 IBM SPSS Statistics，如果更改了语法窗口的名称，则会在标题栏上显示更改后的名称。

（2）菜单栏。语句窗口中共有13个命令菜单。菜单栏中的命令与其他窗口中的命令基本相同，故不再重述。

图1-27　语法窗口标题栏

（3）工具栏。随着功能窗口的不同，其工具栏中的图标按钮也不相同，但它都是用来存放一些有着特殊含义的命令按钮图标。

（4）语句编辑区。位于工具栏下方的右面一块空白区域是语句编辑区，主要用来编辑或输入 SPSS 命令语句，从而构成 SPSS 程序。工具栏下方的左面一块空白区域是语句导航窗口，它是浏览语句信息的导航器。

（5）状态栏。语法窗口中的状态栏与数据编辑窗口和输出窗口中的状态栏功能一样，都是用来显示一些窗口当前的状态与信息的。状态栏位于语法窗口的底部。

1.2.7　SPSS 数据处理基础

数据是 SPSS 处理分析的主要对象，即数字、字母或符号，可以是某次实验或调查结果的记录等。SPSS 对数据的处理以变量为前提，因此本部分首先介绍定义变量，其次再介绍输入数据与保存数据。

启动 SPSS 后，出现如图 1-28 所示的数据编辑窗口。由于还没有输入数据，因此显示的是一个空文件。

输入数据前要先定义变量。定义变量即要定义变量名、变量类型、变量长度（小数位数）、变量标签和变量的格式。

单击数据编辑窗口左下方的"变量视图"标签或双击列的题头（变量），进入如图 1-29 所示的变量定义视图窗口，在此窗口中即可定义变量。

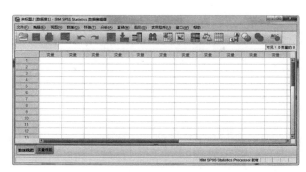

图 1-28　数据编辑窗口

1.2.7.1　变量的定义信息

在图 1-29 所示的窗口中每一行表示一个变量的定义信息，包括名称、类型、宽度、小数、标签、值、缺失、列、对其、度量标准、角色等。

（1）定义变量名。SPSS 默认的变量为 VAR00001、VAR00002 等，大家也可以根据自己的需要来命名变量。SPSS 变量的命名和一般的编程语言一样，有一定的命名规则，具体内容如下：①变量名必须以字母、汉字或字符@开头，其他字符

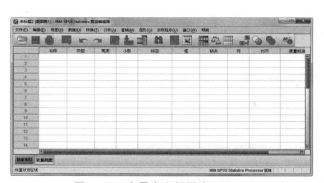

图 1-29　变量定义视图窗口

可以是任何字母、数字或_、@、#、$ 等符号；②变量最后一个字符不能是句号；③变量名总长度不能超过 64 个字符（即 32 个汉字）；④不能使用空白字符或其他特殊字符（如"！""？"等）；⑤变量命名必须惟一，不能有两个相同的变量名。

在 SPSS 中不区分大小写。例如，HXH、hxh 或 Hxh 对 SPSS 而言，均为同一变量名称。SPSS 的保留字（Reserved Keywords）不能作为变量的名称，如 ALL、AND、WITH、OR 等。

（2）定义变量类型。单击类型相应单元中的按钮，弹出图 1-30 所示的对话框，在对话框中选择合适的变量类型并单击"确定"按钮，即可定义变量类型。

SPSS 的主要变量类型有：数值 、逗号、点、科学计数法、日期、美元、设定货币、字符串。

（3）变量长度。设置变量的长度，当变量为日期型时无效。

（4）变量小数点位数。设置变量的小数点位数，当变量为日期型时无效。

（5）变量标签。变量标签是对变量名的进一步描述，变量标签可显示大小写，需要时可用变量标签对变量名的含义加以解释。

（6）变量值标签。值标签是对变量的每一个可能取值的进一步描述，如图 1-31 所示。

（7）缺失值的定义方式。SPSS 有两类缺失值：系统缺失值和用户缺失值。

单击缺失相应单元中的按钮，在弹出的图 1-32 所示的对话框中可改变缺失值的定义方式，在 SPSS 中有两种定义缺失值的方式：第一，可以定义三个单独的缺失值；第二，可以定义一个缺失值范围和一个单独的缺失值。

图 1-30　定义【变量类型】对话框

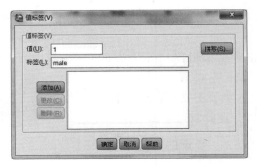

图 1-31　值修改标签

图 1-32　缺失值修改标签

（8）变量的显示宽度。输入变量的显示宽度，默认为 8。

（9）变量显示的对齐方式。选择变量值显示时的对齐方式：Left（左对齐）、Right（右对齐）、Center（居中对齐）。默认是右对齐。

（10）变量的度量标准。变量按测量精度可以分为定性变量、定序变量、定距变量和定比变量几种。

定性变量：定性变量又称为名义变量。这是一种测量精确度最低、最粗略的基于"质"因素的变量，它的取值只代表观测对象的不同类别，如"姓名"、"性别"等变量都是定性变量。定性变量的取值称为定性数据或名义数据。如果变量为定性变量，则在度量标准相应单元的下拉列表中选择"名义"项。

定序变量：定序变量又称为有序变量、顺序变量，它取值的大小能够表示观测对象的某种顺序关系（等级、方位或大小等），也是基于"质"因素的变量。例如，"最高学历"变量的取值是：1 表示小学及以下，2 表示初中，3 表示高中、中专、技校，4 表示大学专科，5 表示大学本科，6 表示研究生及以上。由小到大的取值代表学历由低到高。定序变量的取值称为定序数据或有序数据。如果变量为定序变量，则在度量标准相应单元的下拉列表中选择"序号"项。

定距变量：定距变量又称为间隔变量。通常定距变量和定比变量不加以严格区分，两者都统称为定距变量，它的取值之间可以比较大小，可以用加减法计算出差异的大小。例如，"年龄"变量，其取值 60 与 20 相比，表示 60 岁比 20 岁大，并且可以计算出大 40 岁。定距变量的取值称为定距变量或间隔数据。如果变量为定距变量，则在度量标准相应单元的下拉列表中选择"度量"项。

（11）角色。某些对话框支持可用于预先选择分析变量的预定义角色。当打开其中一个对话框时，满足角色要求的变量将自动显示在目标列表中。可用角色包括：①输入：变量将用作输入（例如，预测变量、自变量）；②目标：变量将用作输出或目标（例如，因变量）；③两者：变量将同时用作输入和输出；④无：变量没有角色分配；⑤分区：变量将用于将数据划分为单独的训练、检验和验证样本；⑥拆分：包括以便与 IBM SPSS Modeler 相互兼容。具有此角色的变量不会在 IBM SPSS Statistics 中用作拆分文件变量。

1.2.7.2　数据的输入与保存

由前文可知，录入数据的第一步是定义变量属性，随后才能进行数据录入。虽然在空白的变量列中直接输入数据时，SPSS 也会自动给该列定一个变量名，但是这样往往不能完全满足大家的需要，所以还是先来定义需要使用的变量。在绝大多数情况下，SPSS 给出的默认数据类型和数据精度可以满足需要，如果默认值满足分析的需要，变量定义到此就可以结束了，否则就需要对不满足条件的选项进行进一步的设置。

例如，表 1-2 是深圳交易所部分上市公司的信息，现将这些数据录入 SPSS 并且保存。

表 1-2　深圳交易所部分上市公司的信息

A 股代码	公司简称	注册地址	A 股上市时间
1	平安银行	深圳市	1991 年 4 月 3 日
2	万 科 A	深圳市	1991 年 1 月 29 日
8	神州高铁	北京市	1992 年 5 月 7 日
30	富奥股份	长春市	1993 年 9 月 29 日
410	沈阳机床	沈阳市	1996 年 7 月 18 日

其步骤如下：

（1）启动 SPSS 后，出现 SPSS 数据编辑窗口。在 SPSS 数据编辑窗口中输入数据之前必须先切换到变量视图窗口中定义变量。在变量视图下的名称一列中从上到下依次输入 A 股代码、公司简称、注册地址和 A 股上市时间，如图 1-33 所示。

（2）在默认条件下变量的类型为数值、宽度 8、小数 2、列 8、右对齐，在本例中，变量"A 股代码"的类型应该是数值型，变量"公司简称"的类型应该是字符串型，变量"注册地址"的类型应该是字符串型，变量"A 股上市时间"的类型应该是日期型，我们需要对这些类型逐一进行修改，修改后这些变量的宽度、小数、对齐等会自动发生相应的变化，如图 1-34 所示。

图1-33　输入名称后默认效果

图1-34　修改类型后默认效果

（3）定义了所有变量后，单击【数据视图】标签，即可在出现的数据视图窗口中输入数据。数据录入时可以逐行录入，也可以逐列录入，如图1-35所示。

（4）SPSS数据文件的保存。在录入数据后，应及时保存数据，防止数据的丢失，以便再次使用该数据。单击【文件】→【保存】命令，或单击工具栏上的【保存】按钮，弹出如图1-36所示的保存数据对话框。确定盘符、路径、文件名以及文件格式后单击"保存"按钮，即可保存为指定类型的数据文件。

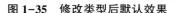
图1-35　修改类型后默认效果

图1-36　保存为另外的数据格式文件

第 2 章　聚 类 分 析

2.1　实验目的

本实验旨在使学生理解并掌握聚类分析的基本原理以及其在 SPSS 中的相关操作，具体包含以下几个方面：

（1）熟练掌握聚类分析的基本原理及在 SPSS 中的分析过程。

（2）掌握系统聚类法（Hierarchial Cluster）的方法及其基本操作。

（3）掌握快速聚类法（K-means Cluster）的方法及其基本操作。

（4）了解 Q 型聚类和 R 型聚类的区别与联系，并可在实践中予以应用。

2.2　实验原理

2.2.1　聚类分析概述

聚类分析（Cluster Analysis）是指将个体或对象分类，使同一类中对象之间的相似性比与其他类的对象相似性更强。聚类分析又称群分析，它是研究（样品或指标）分类问题的一种多元统计方法。在经济、社会、人口研究中，存在着大量分类研究、构造分类模式的问题。过去人们主要靠经验和专业知识作定性分析处理，很少利用数学方法，特别是对于多因素、多指标的分类问题。为了克服定性分类的不足，多元统计中的聚类分析解决了这一问题。为此，最常用的技巧是聚类分析。其目的在于使类间对象的同质性最大化和类与类之间对象的异质性最大化。

常用的聚类分析方法有：系统聚类法、快速聚类法、模糊聚类法。

2.2.2　聚类分析法的类型

通常根据分类的不同可以将聚类分析法分为两类：一类是对样品进行分类，常称为 Q 型聚类分析；另一类是对变量进行分类，常称为 R 型聚类分析。Q 型聚类就是对观测对象进行聚类，是根据被观测对象的各种特征进行分类。方法是根据样品有关变量的特征，将特征相似的样品归为一类，R 型聚类是对样品进行聚类，反映同一事物特点的变量有很多，而一般我们往往根据所研究的问题选择部分变量对事物的某一方面进行研究。

2.2.3　相似性的度量

2.2.3.1　距离

如果把 n 个样品（X 中的 n 个行）看成 p 维空间的 n 个点，则两个样品间相似程度可用 p 维空间中两点的距离来度量。

令 d_{ij} 表示样品 X_i 和 X_j 的距离。常用的距离如下。

明氏（Minkowski）距离：

$$d_{ij}(q) = \left(\sum_{\alpha=1}^{p} \mid x_{i\alpha} - x_{j\alpha} \mid^{q} \right)^{1/q}$$

当 $q = 1$ 时，$d_{ij}(q) = \sum_{\alpha=1}^{p} \mid x_{i\alpha} - x_{j\alpha} \mid$，即绝对距离；

当 $q = 2$ 时，$d_{ij}(q) = \left(\sum_{\alpha=1}^{p} \mid x_{i\alpha} - x_{j\alpha} \mid^{2} \right)^{1/2}$，即欧氏距离；

当 $q = \infty$ 时，$d_{ij}(q) = \max_{1 \leqslant \alpha \leqslant p} \mid x_{i\alpha} - x_{j\alpha} \mid$，即切比雪夫距离。

当各变量的测量值相差悬殊时，采用明氏距离计算并不合理，常需要先对数据进行标准化变换，然后用标准化后的数据计算距离。明氏距离的不足之处在于它与各指标的量纲有关，且没有考虑指标之间的相关性。

为此，想到的一个做法就是对坐标加权，这就产生了"统计距离"。1936 年，印度统计学家 Mahalanobis P. C. 定义了统计意义下的距离——马氏（P. C. Mahalanobis）距离，其定义如下。

定义 1：设 X_i 和 X_j 是从均值向量为 μ，协方差阵为 Σ 的总体中抽取的两个样品，定义 X_i 和 X_j 的距离为：$d_{ij}^2(M) = (X_i - X_j)'\Sigma^{-1}(X_i - X_j)$

X 到该总体的距离为：$d_x^2(M) = (X - \mu)'\Sigma^{-1}(X - \mu)$

马氏距离具有排除了各指标之间相关性的干扰；不受单个指标量纲的影响；将原数据做一线性变换后，距离仍不变等优点。

2.2.3.2　相似系数

研究样品之间的关系，除了用距离表示外，还有相似系数。相似系数是描述样品之间相似程度的一个量，常用的如下：

（1）夹角余弦。将任何两个样品 X_i 与 X_j 看为 p 维空间的两个向量，这两个向量的夹角余弦用 $\cos\theta_{ij}$ 表示：

$$\cos\theta_{ij} = \frac{\sum_{\alpha=1}^{p} x_{i\alpha}x_{j\alpha}}{\sqrt{\sum_{\alpha=1}^{p} x_{i\alpha}^{2} \cdot \sum_{\alpha=1}^{p} x_{j\alpha}^{2}}}, \qquad 0 \leqslant \cos\theta_{ij} \leqslant 1$$

则，当 $\cos\theta_{ij} = 1$，说明两个样品完全相似；$\cos\theta_{ij}$ 接近于 1，说明 X_i 与 X_j 相似密切；当 $\cos\theta_{ij} = 0$，说明两个样品完全不一样；$\cos\theta_{ij}$ 接近于 0，说明 X_i 与 X_j 差别大。

（2）相关系数。通常说相关系数，一般指变量间的相关系数，作为刻画样品间的相关系数也可类似给出定义，即第 i 个样品与第 j 个样品之间的相关系数定义为：

$$r_{ij} = \frac{\sum_{\alpha=1}^{p} (x_{i\alpha} - \overline{x_i})(x_{j\alpha} - \overline{x_i})}{\sqrt{\sum_{\alpha=1}^{p} (x_{i\alpha} - \overline{x_i})^2 \cdot \sum_{\alpha=1}^{p} (x_{j\alpha} - \overline{x_i})^2}}, \quad -1 \leqslant r_{ij} \leqslant 1$$

一般来说，同一批数据采用不同的相似性度量，会得到不同的分类结果。在进行聚类分析的过程中，应根据实际情况选取适当的相似性度量，如在经济变量分析中，常用相关系数来描述变量间的相似性程度。一般情况下，相关系数比其他的相似系数有更强的可变性，但分辨率要弱一些。

2.2.4　系统聚类法

系统聚类法（Hierarchical Clustering Method）是聚类分析诸方法中使用较多的一种。它的具体步骤如下：

第一步：构造 n 个类，每个类包含且只包含一个样品。

第二步：计算 n 个样品两两之间的距离，构成距离阵，记作 D_0。

第三步：合并距离最近的两类为一新类。

第四步：计算新类与当前各类的距离。若类的个数等于 1，转到第五步，否则回到第三步。

第五步：画出聚类图。

第六步：决定类的个数，及各类包含的样品数，并对类作出解释。

正如样品之间的距离可以有不同的定义方法一样，类与类之间的距离也有多种定义方法。类与类之间用不同的方法定义距离，就产生了不同的系统聚类法。现在简单介绍常用的八种系统聚类方法，即最短距离法、最长距离法、中间距离法、可变距离法、重心法、类平均法、可变类平均法、可变法、离差平方和法。

2.2.4.1　最短距离法

最短距离法是类与类之间的距离采用两类中样品间的最短距离作为类与类之间距离的系统聚类法，即定义类 G_i 和 G_j 之间的距离为两类最近样品的距离，也就是说，定义：

$$D_{ij} = \min_{X_i \in G_i,\, X_j \in G_j} d_{ij}$$

设类 G_p 和 G_q 合成一个新类 G_r，则任一类 G_k 和 G_r 的距离是：

$$D_{kr} = \min_{X_i \in G_i,\, X_j \in G_j} d_{ij}$$
$$= \min\{\min_{X_i \in G_k,\, X_j \in G_p} d_{ij},\ \min_{X_i \in G_k,\, X_j \in G_p} d_{ij}\}$$
$$= \min\{D_{kp},\ D_{kq}\}$$

最短距离法简单易用，能直观地说明聚类的含义，但是它有连接聚合的趋势，易将大部分个体聚合在一起，有延伸的链状结构，所以最短距离法的聚类效果并不好，在实际中一般不采用。

2.2.4.2 最长距离法

最长距离法是类与类之间的距离采用两类中样品间的最长距离作为类与类之间的系统聚类法，即定义类 G_i 和 G_j 之间的距离为两类最近样品的距离：

$$D_{ij} = \max_{X_i \in G_i, \; X_j \in G_j} d_{ij}$$

设类 G_p 和 G_q 合成一个新类 G_r，则任一类 G_k 和 G_r 的距离是：

$$D_{kr} = \max_{X_i \in G_i, \; X_j \in G_j} d_{ij} = \max\{\max_{X_i \in G_k, \; X_j \in G_p} d_{ij}, \; \max_{X_i \in G_k, \; X_j \in G_p} d_{ij}\} = \max\{D_{kp}, \; D_{kq}\}$$

最长距离法克服了最短距离法链接聚合的缺陷，但是当数据有较大的离散程度时，易产生较多群。与最短距离法一样，受异常值的影响较大。

2.2.4.3 中间距离法

我们知道，最长距离法夸大了类之间的距离，最短距离法过小地估计了类之间的距离。中间距离法采用介于两者之间的距离，故称为中间距离法。

如果某一类将 G_p 和 G_q 合成一个新类 G_r，则任一类 G_k 和 G_r 的距离公式是：

$$D_{kr}^2 = \frac{1}{2}D_{kq}^2 + \frac{1}{2}D_{kq}^2 + \beta D_{pq}^2, \quad -\frac{1}{4} \leq \beta \leq 0$$

当 $\beta = -\dfrac{1}{4}$ 时，由初等几何知，D_{kr} 就是上面三角形的中线。

2.2.4.4 可变距离法

如果在中间聚类法的新类距离递推公式中令前两项距离的系数也依赖于 β，则将任一类 G_k 和 G_r 的距离公式定义为：

$$D_{kr}^2 = \frac{1-\beta}{2}(D_{kp}^2 + D_{kq}^2) + \beta D_{pq}^2$$

其中，β 是可变的，且 $\beta < 1$。

2.2.4.5 重心法

重心法（Centroid Method）定义两类之间的距离就是两类中心之间的距离。设 G_p 和 G_q 的重心（即该类样品的均值）分别是 $\overline{X}_p$ 和 $\overline{X}_q$（注意一般它们是 p 维向量），则 G_p 和 G_q 之间的距离是 $D_{pq} = d_{\overline{X}_p \overline{X}_q}$，即两类之间的距离是两类的重心之间的距离。

2.2.4.6 类平均法

重心法虽然有代表性，但并未充分利用各样品的性质。因此提出类平均法（Average Method）。所谓类平均法就是定义类与类之间的距离平方为两类中各样品间距离平方的平均。

设聚类到某一步将 G_p 和 G_q 合成一个新类 G_r，则任一类 G_k 和 G_r 的距离公式是：

$$D_{kr}^2 = \frac{1}{n_k n_r} \sum_{X_i \in G_k} \sum_{X_j \in G_r} d_{ij}^2 = \frac{1}{n_k n_r}(\sum_{X_i \in G_k} \sum_{X_j \in G_p} d_{ij}^2 + \sum_{X_i \in G_k} \sum_{X_j \in G_q} d_{ij}^2) = \frac{n_p}{n_r}D_{kq}^2 + \frac{n_q}{n_r}D_{kq}^2$$

2.2.4.7　可变类平均法

由于类平均法公式中没有反映 G_p 和 G_q 之间距离 D_{pq} 的影响，所以给出可变类平均法。定义两类的距离如上，只是将任一类 G_k 和 G_r 的距离公式定义为：

$$D_{kr}{}^2 = \frac{n_p}{n_r}(1-\beta)D_{kq}^2 + \frac{n_q}{n_r}(1-\beta)D_{kq}^2 + \beta D_{pq}^2$$

其中，β 是可变的，且 $\beta < 1$。

2.2.4.8　离差平方和法

这个方法是 Ward 提出的，故也叫 Ward 法（Ward method），或 Ward 最小方差法。它的基本思想来源于方差分析。它认为如果分类正确，则同类间的离差平方和应当较小，而类与类间的离差平方和应当较大。具体做法是，先将 n 个样品各自成一类，然后每缩小一类离差平方和就要增大，选择使离差平方和增加最小的两类合并，直到所有样品归为一类为止。

2.2.5　动态聚类法（K 值聚类法）

麦克奎因（Macqueen）于 1967 年提出了动态聚类法，又叫 K 值聚类法或快速聚类法，可以用于大量数据进行聚类分析的情形。这种聚类方法的思想就是把每个样品聚集到其最近均值类中去。这个过程由下列三步组成：

第一步，把样品粗略的分层 K 个初始类；

第二步，进行修改，逐个分派样品到其最近均值的类中去（通常用标准化数据或非标准化数据计算欧氏距离）。重新计算接收新样品类和失去样品类的均值。

第三步，重复第二步，直到该类无元素进出。

若不在一开始就粗略地把样品分到 K 个预先指定的类（第一步），我们也可以制定 K 个最初重心，然后进行第二步。

样品的最终聚类在某种程度上依赖于最初的划分，或重心的选择。为了检验聚类的稳定性，可用一个新的初始分类重新检验整个聚类算法。如最终分类与原来一样，则不必再进行计算；否则，须另行考虑聚类算法。

对于预先不固定类数 K 这一点有很大的争论，其中包括下面几点：①如果有两个或多个"重心"无意间跑到一个类内，则其聚类结果将很难区分。②局外干扰的存在将至少产生一个样品非常分散的类。③即使已知总体由 K 个类组成，抽样方法也可造成属于最稀疏类数据不出现在样本中，强制地把这些数据分成 K 个类会导致无意义的聚类。

许多聚类方法都要求给定 K，而选择几种算法进行反复检验，对于结果的分析是有好处的。

2.3　实验步骤

聚类分析的使用方法主要有系统聚类法（Hierarchical Clustering）和非系统聚类法

（Non-hierarchical Clustering）两类。SPSS中为这两种方法各提供了一个过程，即系统聚类法（Hierarchical Clustering）和K-值聚类法（K-means Cluster）。

2.3.1 系统聚类过程

系统聚类过程使用的是系统聚类法进行的分析。该方法又称为层次聚类分析法。在实际操作中，主要是按照如下步骤来对实际问题进行分析的：

第一步，选择分析变量。

第二步，数据标准化，目的是消除各变量间由于量纲不同或数量级单位不同导致距离或相似系数的计算结果有较大的偏差，难以放在一起比较的问题。

第三步，选择距离或相似距离的计算公式，计算所有样品（或变量）两两之间的距离或相似距离，生成距离矩阵或相似阵。

第四步，选择聚类方法，将距离最近的两个样品（或变量）合并为一类。常用的聚类方法有最短距离法、最长距离法、重心法、类平均法、离差平方和法等。

第五步，如果类的个数大于1，则继续第三步、第四步，直至所有样品归为一类为止。

第六步，输出聚类结果和系统聚类图，包括树形图和冰柱图等。

第七步，根据研究对象的背景知识，按某种分类标准或分类原则，得出最终的分类结果。

2.3.2 K-值聚类过程

K-值聚类过程使用的是非系统聚类法中最常用的K-均值聚类法（K-means Clustering），该方法也被称为快速聚类法或逐步聚类法。在实际操作中，该方法主要按照如下步骤来对实际问题进行分析：

第一步，选择分析变量。

第二步，指定聚类数目，即指定要将样品聚为几类。

第三步，选择K个样品作为聚类的种子，也称为初始聚类中心。K的最小值为2，最大值不超过样本个数。

第四步，按照距初始聚类中心距离最小原则，将各观察量分到各聚类中心所在的类中去，形成第一次迭代的K类。

第五步，计算每类中所有变量的均值，作为第二次迭代的聚类中心。

第六步，重复第四步、第五步，直到达到指定的迭代次数（系统默认为10次）或达到迭代终止的条件（即收敛因子，本次迭代产生新的类聚类中心距上次迭代后确定的类聚类中心的最大距离小于0.02），聚类过程结束。

第七步，输出聚类结果。

第八步，根据研究对象的背景知识，按某个分类标准或分类原则，得出最终的分类结果。

应当注意的是，在初始聚类中心的选择上，虽然选择性较大，但也应根据实际工作的需要和以往的经验，指定比较合理的初始聚类中心；否则，就应适当增加迭代次数，以保证最终聚类结果的合理性和准确性。为了检验聚类的稳定性，可用一个新的初始分类重新检验整个聚类算法。如最终分类与原来一样，则不必再进行计算；否则，须另行考虑聚类算法。

2.4　实验操作与结果分析

2.4.1　用数据文件 World95.sav 做系统聚类分析

为了研究亚洲国家或地区的经济发展水平和文化教育水平，以便对亚洲国家和地区进行系统聚类分类研究。

2.4.1.1　使用 SPSS 19.0 的详细操作过程

（1）对于已有数据集的分析过程。在 World95.sav 数据中筛选出亚洲国家和地区。进行聚类分析的详细步骤过程：首先，打开数据。在 SPSS 操作界面，使用菜单中【数据】→【选择个案】，展示图 2-1 所示的界面。

图 2-1　数据编辑界面

其次，使用菜单中【文件】→【打开】→【数据】命令，选中要分析的数据文件，如 World95.sav。界面如图 2-2 所示。然后在对话框的选择对话框中选择【如果条件满足】，这时对话框变亮，输入 region=3。这时便可以筛选出亚洲的国家和地区。

（2）在菜单选项中选择【分析】→【分类】命令，分类命令下有三个聚类分析命令：两步聚类、K-均值聚类和系统聚类法，如图 2-3 所示。

（3）在系统聚类法中，在对话框的左边出现的是变量的名称，如图 2-4 所示。中间对应有【变量】框和【标注个案】（标签）框。系统聚类下有两个选项，个案（Q 型聚类）和变量（R 型聚类）。这时，根据分析问题的需要，确定是对样品分类还是变量分类。如图 2-4 所示，需要在分群选择框中选择。将参与分析的变量，即能反映分类特征的变量输入【变量】框中。如果做样品聚类，则将唯一能识别样品的变量，移到右侧的【标注个案】框中。现选择变量为 Urban（城市人口比例）、Lifeexpf（女性平均年龄）、Lifeexpm（男性平均年龄）、Literacy（有读写能力的人所占比例）、Gdp_cap（人均国内生产总值），以 Country（国家或地区）来标识【标注个案】本例中的 17 个国家或地区进行样品聚类。

图 2-2　数据选择界面

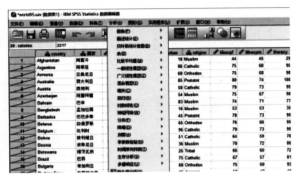
图 2-3　分类命令选项

（4）【输出】下面有两个选项，分别是统计量和输出图形。

（5）在系统聚类界面右边的四个按钮，分别为【统计量】【绘制】【方法】和【保存】。

（6）选择【方法】对话框，出现聚类方法选择的复选框。

① 展开【聚类方法】框中的向下箭头按钮，有如下一些菜单。组间连接、组内连接、最近距离法、最远距离法、质心聚类法、中位数聚类法、Ward 最小方差法。② 在【度量标准】栏中，在【区间】中如果选择平方 Euclidean 距离，则在【转换值】标准化方式中选择【Z 得分】。目的在于计算类之间的距离时消除量纲对于距离的影响。而如果在【区间】中选择 Minkowski 距离，则在【转换值】标准化方式选择【无】（见图 2-5）。

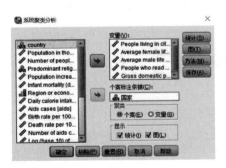
图 2-4　【系统聚类分析】对话框

图 2-5　【系统聚类分析：方法】对话框

（7）选择【统计量】按钮，展开对话框。

①【合并进程表】要求输出聚类过程表。②【相似性矩阵】要求输出各项间的距离矩阵。以矩阵形式给出各项之间的距离或相似性度量值。③【聚类成员】对话框要求显示每个观测量被分派到的类（即分类结果，观测量属于哪一类）或显示若干步骤过程。具体内容可以用下拉菜单进一步选择。【无】选项，不显示类成员表，是系统默认值。【单一方案】选项要求列出聚为制定类数时各观测量所属的类。【方案范围】选项要求累出某个范围中的每一步，各观测值所属的类。

（8）选择【绘制】按钮。树状图、冰柱图。对于显示方向可以在【方向】栏中确定：
【垂直】为纵向显示的冰柱图，【水平】选项显示水平的冰柱图。

（9）选择【保存】按钮，可以将聚类分析的结果用新变量保存在工作数据文件中。

（10）单击【确定】按钮，进行系统聚类分析过程。

2.4.1.2　结果分析

在进行完上述操作之后，得到结果如表 2-1 所示。

表 2-1　20 家上市公司 10 项相关指标数据

名称	x1	x2	x3	x4	x5	x6	x7	x8	x9	x10
建设能源	2.43	47.46	0.73	0.91	2.20	−11.16	11.14	16.83	4.77	8.01
鲁能泰山	1.16	25.56	0.50	0.76	4.23	−0.34	1.76	33.35	1.52	1.36
漳能电力	11.33	27.88	0.52	0.72	33.11	65.98	16.45	28.17	1.53	11.86
赣能股份	8.65	45.63	0.36	0.69	7.96	17.71	4.08	70.09	0.48	2.34
凯迪电力	6.72	32.94	0.38	0.93	−9.39	0.09	13.21	19.47	2.06	10.58
闽东电力	11.14	19.07	0.14	0.24	11.27	5.63	2.60	59.43	0.24	2.33
华能国际	8.81	54.47	0.44	0.54	10.10	14.26	8.83	38.51	1.10	6.91
华电国际	4.50	19.40	0.34	0.39	13.76	56.82	6.35	24.77	1.17	6.79
广州控股	7.41	135.28	0.51	1.03	−2.70	10.15	8.39	64.09	0.77	5.09
ST 明星	11.50	6.30	0.30	0.43	18.23	−10.05	8.65	35.86	0.79	−21.39
桂冠电力	1.66	116.30	0.28	0.37	26.19	−14.58	1.76	30.29	1.03	8.56
九龙电力	13.30	16.00	0.56	0.86	71.72	2.81	11.82	21.17	2.66	3.07
西昌电力	13.99	11.29	0.16	0.20	3.57	3.42	7.56	6.55	3.19	82.55
京能热电	18.31	105.08	0.79	1.39	−1.00	1.39	45.20	81.16	0.98	1.89
申能股份	3.50	76.83	0.43	0.70	11.32	16.67	4.82	54.56	0.81	22.93
川投能源	8.93	50.19	0.28	0.79	19.09	5.46	8.64	72.68	0.38	6.06
华电能源	20.43	19.62	0.39	0.58	14.12	4.44	15.03	43.08	0.97	21.62
通宝能源	3.42	44.95	0.56	0.69	3.74	−8.38	3.02	38.94	1.58	10.11
国电电力	3.70	28.40	0.33	0.41	19.83	19.66	3.96	21.67	1.58	25.70
岁宝热电	7.56	26.64	0.39	0.72	26.57	26.04	10.70	33.93	1.04	−0.07

（1）在输出结果中，图 2-6 表示接近度矩阵或者相异性的矩阵。本例中由于计算距离使用的是平方欧式距离，所以样品间距离越大，样品差异程度越大。由图 2-6 中的矩阵可以看出，孟加拉国与柬埔寨的距离最小，因此先应将这两个国家先聚合为一类。

（2）图 2-7 是冰柱图反映了样品聚类情况。如果没有预先设定的类数，在那类数的行上从左到右可以找到各类所包含的样品。比如我们希望分成三类，最左边的类数，每个样品右边都有一列柱状图，选择右边柱状图最短的两个样品。例如，日本右边的柱状图最短，其次是中国。那么它就与新加坡和日本聚为一类，从韩国到中国又被聚为一类，从巴

近似值矩阵

平方欧氏距离

个案	1:阿富汗	2:孟加拉国	3:柬埔寨	4:中国	5:印度	6:印尼	7:日本	8:马来西亚	9:朝鲜	10:巴基斯坦	11:菲律宾	12:韩国	13:新加坡	14:泰国	15:老挝
1:阿富汗	.000	1.680	1.023	15.917	5.234	11.008	49.180	17.743	23.911	4.111	15.940	27.292	42.814	18.555	14.673
2:孟加拉国	1.680	.000	.160	7.838	1.233	4.961	36.935	9.516	15.036	.824	8.821	18.154	32.051	10.173	7.455
3:柬埔寨	1.023	.160	.000	9.590	2.042	6.166	40.218	11.426	17.255	1.600	10.412	20.598	35.310	11.756	8.778
4:中国	15.917	7.838	9.590	.000	3.001	.669	17.581	.706	2.478	5.191	.873	4.880	15.465	.538	.433
5:印度	5.234	1.233	2.042	3.001	.000	1.359	26.849	3.995	7.754	.491	3.573	10.395	22.590	4.683	2.980
6:印尼	11.008	4.961	6.166	.669	1.359	.000	19.985	1.223	3.180	3.204	.667	5.614	16.994	1.132	.434
7:日本	49.180	36.935	40.218	17.581	26.849	19.985	.000	12.494	12.125	29.510	15.914	6.365	1.812	16.104	19.718
8:马来西亚	17.743	9.516	11.426	.706	3.995	1.223	12.494	.000	1.189	5.891	.601	2.154	10.011	1.023	1.399
9:朝鲜	23.911	15.036	17.255	2.478	7.754	3.180	12.125	1.189	.000	10.436	.988	1.123	8.760	2.251	2.982
10:巴基斯坦	4.111	.824	1.600	5.191	.491	3.204	29.510	5.891	10.436	.000	5.914	12.725	24.207	7.661	5.633
11:菲律宾	15.940	8.821	10.412	.873	3.573	.667	15.914	.601	.988	5.914	.000	2.874	12.769	.881	.792
12:韩国	27.292	18.154	20.598	4.880	10.395	5.614	6.365	2.154	1.123	12.725	2.874	.000	3.750	4.483	5.858
13:新加坡	42.814	32.051	35.310	15.465	22.590	16.994	1.812	10.011	8.760	24.207	12.769	3.750	.000	15.103	17.889
14:泰国	18.555	10.173	11.756	.538	4.683	1.132	16.104	1.023	2.251	7.661	.881	4.483	15.103	.000	.308
15:老挝	14.673	7.455	8.778	.433	2.980	.434	19.718	1.399	2.982	5.633	.792	5.858	17.889	.308	.000

这是非相似性矩阵

图2-6 "近似矩阵"输出结果

基斯坦到阿富汗被聚为另一类。

（3）图 2-8 是树状聚类图，从图中可以由分类个数得到分类情况。如果我们选择分类数为三，就从聚类为 10 的地方往下切，得到分类结果：｛1：孟加拉国、柬埔寨、阿富汗、印度、巴基斯坦｝；｛2：马来西亚、菲律宾、泰国、老挝、中国、印度尼西亚、朝鲜、韩国｝；｛3：新加坡、日本｝。我们可以从经济发展水平和文化教育水平来理解所做的分类。第二类应该是亚洲经济发达程度较高的国家或地区，第一类的经济水平和文教水平都比较低，第三类国家或地区的经济水平和文教水平居中。

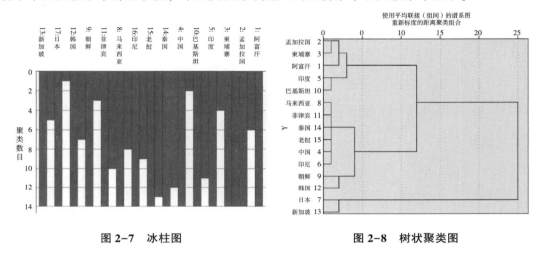

图 2-7　冰柱图　　　　　　　　　　　图 2-8　树状聚类图

（4）图 2-9 是反映每一阶段聚类的结果，系数（Coefficients）表示聚类系数，群集 1 和群集 2 表示聚合的类，比如第一阶段时（Stage=1）第 2 个样品（孟加拉国）与第 3 个样品（柬埔寨）聚为一类，注意这时有 14(15−1=14) 类。因此某阶段的分类数等于总的样品数减去这个阶段的序号。

集中计划

阶段	组合聚类 聚类 1	聚类 2	系数	首次出现聚类的阶段 聚类 1	聚类 2	下一个阶段
1	2	3	.160	0	0	9
2	14	15	.308	0	0	3
3	4	14	.486	0	2	6
4	5	10	.491	0	0	11
5	8	11	.601	0	0	7
6	4	6	.745	3	0	7
7	4	8	.945	6	5	12
8	9	12	1.123	0	0	12
9	2	1	1.351	0	1	11
10	7	13	1.812	0	0	14
11	1	5	2.507	9	4	13
12	4	9	3.244	7	8	13
13	1	4	10.434	11	12	14
14	1	7	21.565	13	10	0

图 2-9　聚类过程输出结果

2.4.2　用数据文件 World95.sav 做 K-值聚类分析

我们使用的变量依然为 Country（国家或地区）、Urban（城市人口比例）、Lifeexpf

（女性平均寿命）、Lifeexpm（男性平均寿命）、Literacy（有读写能力的人所占比例）、Gdp-cap（人均国内生产总值）。以 Country 来标识本例中的国家或地区，并以其他五个变量进行 Q 型聚类分析，即多国家或地区进行聚类。

2.4.2.1　操作过程

在 SPSS 软件中选择【分析】→【分类】→【K-值聚类分析】。出现如图 2-10 所示的界面。进入 K-均值聚类分析对话框以后，选用上面五个变量选入【变量】，将 Country 用于【个案标志依据】。聚类数的制定一般按照具体分类的要求选择，此时将【聚类数】指定为 3。

图 2-10　K 均值聚类分析对话框

然后在【选项】中可以选择【初始聚类中心】【ANOVA（方差分析表）】【每个个案的聚类信息】。

2.4.2.2　分析结果

可根据具体聚类中心的要求选择并得到图 2-11、图 2-12 所示的分类结果。

初始聚类中心

	聚类		
	1	2	3
People living in cities (%)	18	77	72
Average female life expectancy	44	82	74
Average male life expectancy	45	76	68
People who read (%)	29	99	96
Gross domestic product / capita	205	19860	6627

图 2-11　初始聚类中心输出结果

聚类成员

个案号	国家	聚类	距离
1	阿富汗	1	571.615
8	孟加拉国	1	573.924
19	柬埔寨	1	516.229
23	中国	1	398.151
48	印度	1	500.047
49	印尼	1	94.543
55	日本	2	2435.034
64	马来西亚	1	2220.274
67	朝鲜	1	230.069
74	巴基斯坦	1	370.185
78	菲律宾	1	96.542
84	韩国	3	.000
87	新加坡	2	2435.034
95	泰国	1	1025.608
105	老挝	1	545.396

图 2-12　聚类成员输出结果

（1）在输出结果中，图 2-11 表示最初各类的重心，也是种子点。图 2-12 表示样品的分类情况。这里我们看到快速聚类法将亚洲国家或地区分为三类：{1：阿富汗、孟加拉国、柬埔寨、中国、印度、印度尼西亚、马来西亚、朝鲜、巴基斯坦、菲律宾、泰国、老挝｝；｛2：日本、新加坡｝；｛3：韩国｝。我们可以对分类结果进行分析。第二类国家或地区是亚洲国家或地区中的佼佼者，其经济发达程度和文教卫生水平都是很高的。第一类国家或地区经济和文教卫生水平较低。第三类国家或地区处于两者之间。这个结果可以结合图 2-13（最后各类的重心）进行分析，可以看到，第一类的人均 GDP 比另外两组要低。

初始聚类中心

	聚类		
	1	2	3
People living in cities (%)	18	77	72
Average female life expectancy	44	82	74
Average male life expectancy	45	76	68
People who read (%)	29	99	96
Gross domestic product / capita	205	19860	6627

图 2-13　最终聚类中心输出结果

（2）图 2-14 表示方差分析表，但是应当注意 F 值只能作为描述作用，不能根据该值判断各类均值是否有显著差异。通过方差分析可以看出，有四个变量对分类贡献显著（即 Urban、Lifeexpf、Lifeexpm、Gdp-cap）。

ANOVA

	聚类		误差			
	均方	自由度	均方	自由度	F	显著性
People living in cities (%)	3600.758	2	196.118	12	18.360	.000
Average female life expectancy	305.492	2	81.563	12	3.745	.054
Average male life expectancy	209.158	2	47.285	12	4.423	.036
People who read (%)	982.492	2	649.563	12	1.513	.260
Gross domestic product / capita	243254702.2	2	1638786.972	12	148.436	.000

由于已选择聚类以使不同聚类中个案之间的差异最大化，因此 F 检验只应该用于描述目的。实测显著性水平并未因此进行修正，所以无法解释为针对"聚类平均值相等"这一假设的检验。

图 2-14　输出的方差分析表

2.4.3　利用数据对变量进行聚类

该实验选取的数据集为"全国 20 家电力上市公司绩效指标数据"。目前，我国上市超过 3 年的电力公司有 40 余家，本实验选取的数据集是从这 40 余家公司中任选 20 家的数据，该数据来源于"中国上市公司资讯网"（www.cnlist.com）公布的 2006 年电力上市公司数据。

本实验的目的是为了研究评价各变量指标之间的关系，选取 20 余家电力上市公司的 10 个相关指标的数据资料，进行聚类分析，进而确定各变量指标之间的关系及其所属类型。这 10 个相关指标依次为销售净利率（x1，单位:%）、经营净现金比率（x2，单位:%）、总资产周转率（x3，单位：倍）、固定资产周转率（x4，单位：倍）、主营业务收入增长率（x5，单位:%）、总资产增长率（x6，单位:%）、净资产收益率（x7，单位:%）、股东权益比率（x8，单位:%）、股东权益周转率（x9，单位：倍）和净资产增长率（x10，单位:%）。具体数据见表 2-1。

该实验属于 R 型聚类问题，但事先并未指定要将变量分为多少类，需根据分类结果和实际情况进行讨论。因此，该实验属于针对变量进行的系统聚类过程。本实验以欧式距离、离差平方和法为例，来对变量进行系统聚类分析。

2.4.3.1　操作过程

具体操作过程如下：

（1）新建数据文件，如图 2-15 所示。

（2）单击【分析】→【分类】→【系统聚类】，操作如图 2-16 所示。

图 2-15　数据编辑窗口　　　　　　　　　图 2-16　操作过程

打开系统聚类主对话框，在【分群】选项中选择【变量】项，即选择进行变量聚类；然后将 10 个相关指标销售净利率（x1，单位:%）、经营净现金比率（x2，单位:%）、总资产周转率（x3，单位：倍）、固定资产周转率（x4，单位：倍）、主营业务收入增长率（x5，单位:%）、总资产增长率（x6，单位:%）、净资产收益率（x7，单位:%）、股东权益比率（x8，单位:%）、股东权益周转率（x9，单位：倍）和净资产增长率（x10，单位:%）输入【变量】框中，使其成为分析变量；此时【标注个案】框变黑，不需要选择。该过程如图 2-17 所示。

（3）点击【统计量】按钮，打开图 2-18 所示对话框。选择输出【相似性矩阵】，以便研究变量之间的相关性，且指定生成聚类成员的个数范围为 3~5，单击【继续】返回主对话框。

图 2-17　"系统聚类分析"对话框　　　　图 2-18　"统计量"对话框

（4）单击【绘制】按钮，打开图 2-19 所示对话框。选择输出【树状图】；在【冰柱】栏中，选择【所有聚类】来显示全过程冰柱图；【方向】可以选择垂直方向或水平方向显示。单击【继续】，返回主对话框。

（5）单击【方法】按钮，打开如图 2-20 对话框。选择数值标准化为 Z 得分，聚类方法选择【Ward 法】，选择【度量标准】选择为【区间】中的平方 Euclidean 距离，单击【继续】返回主对话框。

图 2-19　图像选择对话框　　　图 2-20　【方法】对话框

（6）单击【确定】按钮，在输出窗口中显示结果。

2.4.3.2　输出结果

单击【确定】按钮，在输出窗口中显示如下结果：

近似矩阵

案例	矩阵文件输入									
	x1	x2	x3	x4	x5	x6	x7	x8	x9	x10
x1	.000	44.805	37.736	33.111	31.943	36.777	14.147	28.260	43.348	32.596
x2	44.805	.000	24.756	20.025	48.472	45.818	28.960	18.876	46.434	42.750
x3	37.736	24.756	.000	6.566	39.460	40.335	15.465	33.133	24.121	49.401
x4	33.111	20.025	6.566	.000	43.416	41.919	12.327	22.042	34.438	51.304
x5	31.943	48.472	39.460	43.416	.000	30.161	41.034	46.777	36.837	43.853
x6	36.777	45.818	40.335	41.919	30.161	.000	36.377	40.191	45.843	36.160
x7	14.147	28.960	15.465	12.327	41.034	36.377	.000	25.997	36.226	41.408
x8	28.260	18.876	33.133	22.042	46.777	40.191	25.997	.000	64.518	52.732
x9	43.348	46.434	24.121	34.438	36.837	45.843	36.226	64.518	.000	23.175
x10	32.596	42.750	49.401	51.304	43.853	36.160	41.408	52.732	23.175	.000

图 2-21　"近似矩阵"输出结果

图 2-21 显示的是测度变量间距离的相关矩阵，由于一个变量与其自己的相关系数均为 1，所以表中省略了这些数据。

图 2-22 显示将变量分为三类、四类、五类时的聚类结果。如变量分为三类时：x1、x2、x3、x4、x7 和 x8 为一类；x5 和 x6 为一类；x9 和 x10 为一类。如变量分为四类时：x1 和 x7 为一类；x2、x3、x4 和 x8 为一类；x5 和 x6 为一类；x9 和 x10 为一类。如变量分为五类时：x1 和 x7 为一类；x2 和 x8 为一类；x3 和 x4 为一类；x5 和 x6 为一类；x9 和 x10 为一类。

从图 2-23 聚类全过程的冰柱图中可以看出分成 3 类、4 类和 5 类的结果和表 2-22 是一致的。如分为三类时：x9 和 x10 为一类；x5 和 x6 为一类；x1、x2、x3、x4、x7 和 x8 为一类。

图 2-24 是反映聚类全过程的树状图。从图中可以看出：分成二类、三类或四类时类间的距离比较大，说明各类的特点比较突出，对各类比较容易定义。

群集成员

案例	5 群集	4 群集	3 群集
x1	1	1	1
x2	2	2	1
x3	3	2	1
x4	3	2	1
x5	4	3	2
x6	4	3	2
x7	1	1	1
x8	2	2	1
x9	5	4	3
x10	5	4	3

图 2-22　"群集成员"输出结果

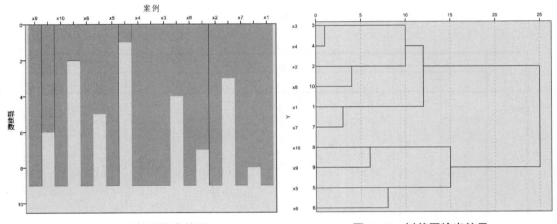

图 2-23　冰柱图输出结果　　　　图 2-24　树状图输出结果

综合上述分析，结合经济意义，最终确定分为三类比较合理，情况如表 2-2 所示。

表 2-2　分类结果

类别	变量
Ⅰ类（资产运用效率及盈利能力）	股东权益周转率、固定资产周转率、总资产周转率、净资产收益率、销售净利率
Ⅱ类（偿债能力）	股东权益比率、经营净现金比率
Ⅲ类（发展能力）	净资产增长率、总资产增长率、主营业务增长率

2.5　实验练习

（1）现有世界主要国家和地区贸易相关指标：货物进出口总额（亿美元）、货物出口总额（亿美元）、货物进口总额（亿美元）、货物贸易平衡（亿美元），试将世界主要国家和地区依据贸易相关指标采用系统聚类法和快速聚类法分为货物贸易大、中、小国。具体数据如表 2-3 所示。

表 2-3　世界主要国家和地区贸易相关指标数据

国家和地区	货物进出口总额 （亿美元）	货物出口总额 （亿美元）	货物进口总额 （亿美元）	货物贸易平衡 （亿美元）
中国	14219.1	7619.5	6599.5	1020
美国	26369.9	9042.9	17327.1	−8284.2
日本	11118.3	5957.5	5160.8	796.8
加拿大	6796.8	3595.8	3201.1	394.7
德国	17447.6	9706.9	7740.7	1966.2
英国	8790.8	3778.6	5012.2	−1233.7
法国	9550.4	4592.5	4958	−365.5
意大利	7464.9	3668	3797	−129
墨西哥	4453.8	2173.1	2316.7	−179.6
印度尼西亚	1550.2	862.9	687.4	175.5
马来西亚	2555.5	1049.5	1146.1	263.4
泰国	2283	1101.1	1181.9	−80.8
新加坡	4296.5	2296.2	2000.3	295.9
韩国	5457.7	2847.4	2610.3	237.1
巴西	1958.8	1183.1	775.8	407.3
俄罗斯	3703.8	2452.6	1251.2	1201.3

资料来源：国家统计局网站。

（2）为了研究全国各地区卫生设施情况，现选取全国 31 个省（自治区、直辖市）卫生设施相关指标，具体为医疗机构床位数、卫生机构人员数、妇幼保健院（所站）、疾病预防控制中心（防疫站）、基层医疗卫生机构、医院、专科疾病防治院（所）、卫生监督所（中心）。利用系统聚类法对样品进行聚类，进而分析各地区卫生医疗水平的高低。具体如表 2-4 所示。

表 2-4　全国 31 个省（自治区、直辖市）卫生设施相关指标数据

地区	医疗机构床位数（张）	卫生机构人员数（人）	妇幼保健院（所站）（个）	疾病预防控制中心（防疫站）（个）	基层医疗卫生机构（个）	医院（个）	专科疾病防治院（所）（个）	卫生监督所（中心）（个）
总计	5159889	8616040	145866	3484	918003	21979	1294	3022
北京	94735	235652	1671	32	8718	550	28	20
天津	49423	100169	666	24	3981	296	17	19
河北	266479	449108	8819	196	78246	1247	8	185

续表

地区	医疗机构床位数（张）	卫生机构人员数（人）	妇幼保健院（所站）（个）	疾病预防控制中心（防疫站）（个）	基层医疗卫生机构（个）	医院（个）	专科疾病防治院（所）（个）	卫生监督所（中心）（个）
山西	157132	271627	3541	146	38587	1206	11	130
内蒙古	100633	175226	2903	121	21905	488	50	112
辽宁	215815	319116	1212	131	33712	831	90	110
吉林	121240	192940	1851	67	18882	560	53	40
黑龙江	165255	266066	3131	188	20142	911	109	156
上海	107130	176632	1202	21	4289	308	19	19
江苏	296390	481818	2956	129	29659	1283	53	111
浙江	194759	374157	5845	100	29207	731	25	100
安徽	204210	315382	3551	124	21434	916	52	111
福建	124232	217586	3648	96	26287	482	25	77
江西	135570	244570	6425	115	38063	542	110	109
山东	416148	689628	13273	184	65954	1490	132	162
河南	349612	623494	13790	180	74208	1220	20	158
湖北	223980	365175	7608	112	34509	608	83	98
湖南	257687	387975	8610	146	58214	782	86	130
广东	325038	626571	14717	136	44034	1125	147	140
广西	152039	283543	8365	106	33132	465	41	110
海南	28465	56893	991	26	4513	190	24	21
重庆	115627	170799	2557	43	17037	433	16	42
四川	334663	505712	7749	205	73646	1387	38	204
贵州	117534	169098	4398	103	24957	621	9	96
云南	173434	215335	4927	150	21800	845	30	146
西藏	9592	22234	377	81	6356	103	—	2
陕西	153847	275464	5626	122	35033	871	6	115
甘肃	94907	145699	2362	103	25884	385	7	91
青海	23117	38785	171	56	5608	131	1	55
宁夏	25805	41758	887	25	3886	152	—	25
新疆	125391	167828	2037	216	16120	820	4	128

资料来源：国家统计局网站。

（3）表 2-5 是某年我国 16 个地区农民支出情况的抽样调查数据，每个地区调查了反映每人平均生活消费支出情况的六个经济指标。试使用系统聚类法和 K-值聚类法分别对这些地区进行聚类分析，并对结果进行比较。

表 2-5　某年我国 16 个地区农民支出情况相关指标数据

地区	食品	衣着	燃料	住房	交通和通信	娱乐教育文化
北京	190.33	43.77	9.73	60.54	49.01	9.04
天津	135.2	36.4	10.47	44.16	36.49	3.94
河北	95.21	22.83	9.3	22.44	22.81	2.8
山西	104.78	25.11	6.4	9.89	18.17	3.25
内蒙古	128.41	27.63	8.94	12.58	23.99	2.27
辽宁	145.68	32.83	17.79	27.29	39.09	3.47
吉林	159.37	33.38	18.37	11.81	25.29	5.22
黑龙江	116.22	29.57	13.24	13.76	21.75	6.04
上海	221.11	38.64	12.53	115.65	50.82	5.89
江苏	144.98	29.12	11.67	42.60	27.30	5.74
浙江	169.92	32.75	12.72	47.12	34.35	5.00
安徽	135.11	23.09	15.62	23.54	18.18	6.39
福建	144.92	21.26	16.96	19.52	21.75	6.73
江西	140.54	21.50	17.64	19.19	15.97	4.94
山东	115.84	30.26	12.20	33.60	33.77	3.85
河南	101.18	23.26	8.46	20.20	20.50	4.30

资料来源：国家统计局网站。

（4）表 2-6 是 2010 年我国部分省会城市和计划单列市的一些主要经济指标：人均地区生产总值 $X1$（元）、客运量 $X2$（万人）、货运量 $X3$（万吨）、地方财政预算内收入 $X4$（亿元）、固定资产投资总额 $X5$（亿元）、城乡居民储蓄年末余额 $X6$（亿元）、在岗职工平均工资 $X7$（元）、社会商品零售总额 $X8$（亿元）、货物进出口总额 $X9$（亿美元）。试利用两种不同的系统聚类法对城市进行聚类分析。

表 2-6　2010 年我国部分省会城市和计划单列市的一些主要经济指标数据

地区	X1	X2	X3	X4	X5	X6	X7	X8	X9
北京	112208	140663	21886	2354	5494	16874	65682	6229	3016.22
天津	93664	24873	40368	1069	6511	5634	52964	2903	822.01
石家庄	34383	12401	19689	164	2958	2920	31459	1401	109.74
太原	48647	4800	13851	138	899	2387	38839	826	79.13
沈阳	69727	30658	17348	465	4139	3338	41900	2066	78.56
大连	87957	17805	31073	501	4048	3375	44615	1640	519.82
长春	43867	12796	10863	181	2638	2063	35721	1287	132.24
哈尔滨	36943	13068	10129	238	2652	2580	32411	1770	43.73
上海	121545	17434	80835	2874	5318	16249	71875	6071	3688.69
南京	81127	39688	30592	519	3306	3512	48782	2289	435.18
杭州	86330	33772	25915	671	2753	4991	48772	2146	523.55

地区	X1	X2	X3	X4	X5	X6	X7	X8	X9
宁波	89935	34905	31377	531	2193	3312	43476	1704	829.04
合肥	54583	19805	18873	259	3067	1234	39291	839	99.58
福州	48357	18916	14911	248	2317	2329	34804	1624	246
厦门	114315	12375	10086	289	1010	1385	40283	685	570.36
南昌	43805	10684	8326	146	1952	1418	35038	765	53.04
济南	64735	16478	23146	266	1987	2188	37854	1802	74.11
青岛	74200	23805	26971	453	3022	2912	37803	1961	570.6
郑州	41962	30121	20599	387	2757	2911	32778	1678	51.57
武汉	66520	22896	40288	390	3753	3591	39302	2570	180.55
长沙	69697	33984	22817	314	3193	2172	38338	1865	60.89
广州	133330	62596	56644	873	3264	9302	54494	4476	1037.68
深圳	368704	156407	26174	1107	1945	6717	50455	3001	3467.49
南宁	25450	10153	19171	156	1483	1376	37040	906	22.13
海口	37097	31503	8003	50	353	772	34192	327	39.45
重庆	23992	126804	81385	1018	6935	5840	35367	2878	124.26
成都	48312	100998	44087	527	4255	5071	38603	2418	224.5
贵阳	33273	30384	10397	136	1019	1089	31128	485	22.75
昆明	36308	11672	14906	254	2161	2342	32022	956	101.09
西安	41413	31118	34332	242	3251	3678	37872	1637	103.93
兰州	34011	3798	8032	73	661	1296	33964	545	10.6
西宁	28446	4868	2978	35	403	576	32220	232	6.67
银川	48452	4378	10547	64	649	634	39816	225	9.98
乌鲁木齐	55076	3820	15192	148	500	1243	40649	564	59.85

资料来源：国家统计局网站。

第 3 章　判 别 分 析

3.1　实验目的

本实验旨在使学生理解并掌握判别分析的基本原理以及其在 SPSS 中的相关操作。具体包含以下几个方面：

（1）了解判别分析的基本原理及其在 SPSS 中的判别分析过程。

（2）掌握按照不同的判别准则（即距离判别法、Fisher 判别法、Bays 判别法等）进行判别分析的方法。

（3）分析在 SPSS 中进行判别分析的输出结果，并能根据其进行分类和相关经济分析，且在此基础上解决实际问题。

3.2　实验原理

3.2.1　判别分析的概念

判别分析（Discriminant Analysis）是多变量统计分析中用于判别样品所属类型的一种统计分析方法。它所要解决的问题是在一些已知研究对象已经用某种方法分成若干类的情况下，确定新的样品属于已知类别中的哪一类。

在生活中经常需要根据观测到的数据对所研究的对象进行分类。例如，在经济分析中，根据 GDP、人均 GDP、人均收入、投资额等指标判断某城市经济发展程度所属的类型。在多元统计学中主要利用判别分析方法。它是在已知观测对象的分类结果和若干表明观测对象特征变量值的情况下，根据样本数据推导出一个或一组判别准则，利用判别准则对新观测对象的类别进行预测，使错判率最小。判别分析法的用途很广，如动植物的分类、医学疾病诊断、社区种类划分、商品等级分类、职业能力分类等方面。

判别分析和前面的聚类分析有什么不同？其主要不同在于，聚类分析中一般并不知道或一定要明确应该分成几类，完全根据数据来确定，而在判别分析中，至少有一个已经明确知道的类别，利用类别的数据，建立判别准则，并通过预测变量来为未知类别的观测值进行判别或归类。和聚类分析相同的是，判别分析也是利用距离远近来归类对象的。

3.2.2　几种判别分析概述

3.3.2.1　判别分析的前提假设

在进行判别分析之前，需要对判别变量进行假定。只有在一定的假定条件下，分析结果才是可信的。

（1）各个判别变量服从正态分布，由各个判别变量构成的联合分布是多元正态分布。只有在这个条件下，才能进行有关的显著性检验。

（2）各判别变量不能存在多重共线性。否则，由这些变量组成数据矩阵的逆矩阵将不存在，判别分析一些判别准则的计算将不能进行。

（3）每个变量在各类中的取值应该存在显著差异。只有在这个假设条件下才能通过变量建立有效的判别函数将各类区分出来。

3.3.2.2　几种判别方法的基本思路

判别分析的方法有很多种，这里仅介绍距离判别法、Fisher 判别法、Bayes 判别法和逐步判别法的基本思路。

$$判别分析方法\begin{cases}距离判别\\Fisher\ 判别\\逐步判别\\Bayes\ 判别(属于概率性判别)\end{cases}\left.\begin{array}{l}\\\\\end{array}\right\}属于确定性判别$$

（1）距离判别法。在已知原始数据所属不同类别的基础上，计算出各类的重心。然后计算待判样本与各类重心之间的距离。若它离第 i 类重心距离最近，就认为该样本来自第 i 类。把这个用来比较各个中心距离的函数称为判别函数。与聚类分析类似，距离有多种定义方式，包括绝对距离、欧式距离、明氏距离、马氏距离等，但为了消除各变量受量纲的影响，通常我们采用马氏（Mahalanobis）距离。

（2）Fisher 判别法。在介绍 Fisher 判别法之前，先介绍典型判别分析的概念。典型判别分析是建立典型变量代替原始数据中指定的判别变量，典型变量是原始自变量的线性组合。用最少的典型变量代替多个原始变量可以比较方便地描述各类之间的关系。例如，在仅有两个典型变量的情况下，可以用散点图直观地表现各类之间的关系。

从理论上可以对判别变量建立各种线性组合来建立判别函数，但这些函数的效力是不同的。判别效力可以理解为利用判别函数分组后，使各组间的差距尽量大，而组内的各样本的差距尽量小。综合起来，就是使组间差异与组内差异的比值越大判别效果越好。

实际中要从判别效率最大函数选起，如果第一个判别函数的判别结果不理想，还可以继续寻找第二个、第三个……但建立判别函数的个数最多不能超过 min（分组数−1，初始判别变量个数）。还应注意的是每个判别函数的贡献是不相交的，即：第一判别函数对应分组后组间差与组内差比值达到最大时的线性组合；第二判别函数是与第一判别函数不相关的，并使分类后的组间差与组内差比值达到最大时的线性组合，后面的判别函数可以依此类推。然而要如何找到这样的判别函数呢？基本思路如下：

从总体中抽取 p 个指标，作为判别变量，构造一个判别函数式：

$$y(x) = c_1 x_1 + c_2 x_2 + \cdots + c_p x_p = c'x$$

其中，$c = (c_1, \ c_2, \ \cdots, \ c_p)'$，$x = (x_1, \ x_2, \ \cdots, \ x_p)'$。

使分类后每类间的区别尽量大，同时使每类内部的离差尽可能小，及确定系数向量使得类间方差与类内方差的比值 λ 最大。可以证明，λ 正好是各类间样本协差阵和类内样本协差阵的广义特征根，而 c 正好是与 λ 相对应的特征向量。假设非 0 特征根的个数为 m ［不超过 min（分类数-1，原始判别变量个数）］，相应的特征值分别为 $\lambda_1 \geqslant \lambda_2 \geqslant \cdots \geqslant \lambda_m$，就可以构造 m 个判别函数：$y_i(x) = c^{(i)}{}'x$，（$i = 1, \ \cdots, \ m$），$c^{(i)}$ 为 λ_i 对应的特征向量。可以证明，每个判别函数都是正交的。对于每个判别函数都有一个衡量其判别能力的指标——贡献率。第 i 个判别函数的贡献率为 $\dfrac{\lambda_i}{\sum\limits_{i=1}^{m} \lambda_i}$。在实际应用中，不一定用到所有的判别函数，只需要选择累计贡献率达到一定水平（例如，85%）的前几个判别函数就可以了。

（3）Bayes 判别法。基本思路：Bayes 判别法与 Fisher 判别法的最主要的不同就是它不是通过建立判别函数来判别样品所属类别，而是通过比较样品属于各类后验概率的大小对样本的归属做出判断。如果共有 k 类，且 $P(i \mid x) = \max(P(j \mid x))$（$j = 1, \ \cdots, \ k$），则判定样品来自第 i 类。

许多时候用户对各类别的比例分布情况有一定的先验信息，比如客户对投递广告的反应绝大多数都是无回音，如果进行判别，自然也应当是无回音的较多。此时，Bayes 判别恰好适用。Bayes 判别就是各总体的先验概率，使误判的平均损失达到最小而进行的判别。其最大优势是可以用于多组判别问题，但是此方法必须满足三个假设条件，即各组变量必须服从多元正态分布、各组协方差矩阵必须相等、各组均值均有显著性差异。

（4）逐步判别法。在回归分析中，变量选择的好坏会直接影响回归的效果，在判别分析中也存在同样的问题。一般来说，原始变量在判别函数中的作用是不同的，有的意义重大，有的作用则很小。即使判别变量通过了前面所述的方差分析，但仍不能保证所有变量都是相互独立，并都应留在判别函数中。将判别能力较小的变量留在函数中，会增加计算量，甚至会干扰判别结果。逐步判别法可以帮我们筛选出有显著判别能力的变量。

无论是剔除判别变量还是增加判别变量，都要利用 F 检验。通常引进变量的 F 值大于剔除变量的 F 值。

3.2.2.3　判别效果的检验

判别方法的有效性表现在两个方面：一是对已知分类样本的回代判别正确率较高；二是对于新样品的分类具有很高的判断正确率。

在后面的实例分析中，仅从第一方面对判别函数的效率进行了评价，但实际上并不能用已知分组的案例通过再次判别的正确率来证明判别方法适合那些尚未分组的案例。因此在数据量充足的情况下，通常将已知分类的案例分成两半，用其中一半的数据建立判别函数，再用另一半当作不知分组的案例来进行判别，然后将判别结果与原来的分组进行比较，来评价判别方案的效力。如果判别效果较好，便可以用这种判别方法对新样本进行分类。

3.3 实验步骤

SPSS 的判别分析过程是根据已知的样品分类和表明样品特征的变量值推断出判别函数，然后将各样品的自变量值回代到判别函数中，根据判别函数对样品所属类别进行判别。对比原始数据的分类和按判别函数所判的分类，给出错判率。在判别分析过程中可以根据要求输出：各类样品的单变量描述性统计量；Fisher 判别函数系数；标准化及非标准化的典型判别函数的系数；类内相关矩阵；类内、类间协方差和总协方差矩阵；按判别函数回代的各样品所属类别；根据要求生成表明各类分布的区域图和散点图。

对于分成 k 组的研究对象，可建立 $k-1$ 个典型判别函数和 k 个 Fisher 线性判别函数，然后将各样品的自变量回代到判别函数中，计算其判别分数或属于各组的概率，根据数据的大小判别样品所属组别，对比样品的原始组别给出错判率。其具体操作步骤如下：

第一步，选择自变量及组变量。

第二步，计算各组单变量描述统计量，包括组内均值、组内标准差、总均值、总标准差、各组协方差矩阵、组间均值相等及协方差矩阵相等的零假设进行检验。

第三步，推导判别系数，给出标准化或非标准化的典型判别函数系数，并对函数显著性进行检验。

第四步，建立 Fisher 线性判别模型。

第五步，进行判别分组，根据 Bayes 规则或 Fisher 规则进行判别分组。

第六步，进行样品回判分析，计算错判率。

第七步，输出结果。

第八步，结合研究对象的实际情况分析输出结果，得出结论。

3.4 实验操作与结果分析

这里采用的例子是 Fisher 在 1936 年发表的有关鸢尾花的例子。数据中记录了三种鸢尾花：刚毛鸢尾花（Setosa）、变色鸢尾花（Versicolor）、弗吉尼亚鸢尾花（Virginica）的花瓣长（plen）、花瓣宽（pwid）、花萼长（slen）和花萼宽（swid）的数据。每种有 50 个观测，共 150 个数据。

3.4.1 对 Irist. sav 进行判别分析

3.4.1.1 使用 SPSS 19.0 的详细操作

（1）对于已有数据集的分析过程。打开数据集 Irist. sav 文件，得到鸢尾花的数据。依次选择【分析】→【分类】→【判别】。打开判别分析对话框。选择变量花瓣长、花瓣宽、花萼长和花萼宽，移动到【自变量】框中，选择变量 Group_id 并移动到【分组变量】框中，如

图 3-1 所示。选中 Group_id，此时【定义范围】按钮变亮，单击该按钮，在【定义范围】对话框中输入变量 Group_id 的取值范围。此时最小值为 1，最大值为 3，如图3-2所示。

图 3-1　"判别分析"对话框　　图 3-2　定义分组变量范围

（2）SPSS 提供两种进入判别函数的方法，【一起输入自变量】，所有变量同时进入判别函数；【使用步进式方法】，按照所指定的纳入/排除标准，依次引入或剔除变量，直到方程稳定为止。在选择【使用步进式方法】时，判别分析主对话框上的【分类】按钮变亮，可以选择进行逐步判别分析时所用的拟合方法。单击【方法】按钮，打开【判别分析：步进式】对话框，如图 3-3 所示。系统默认的方法是 Wilks' Lambda 法，该统计量为组内离差平方和与总离差平方和的比值，使用该方法时，系统首先纳入使该统计量减少最多的变量。【输出】选择输出内容，步进摘要：显示每一步所有变量的统计量，两两组间距离的 F 值：显示配对距离的 F 值矩阵，且 F 值是马氏距离的显著性检验。

（3）单击【统计量】按钮，打开【判别分析：统计量】对话框，如图 3-4 所示。描述性统计量的输出有：【均值】给出自变量的分组及总体平均数与标准差，【单变量 ANOVA】给出针对所有自变量进行单因素方差分析，看它们在各组间有无差异，【Box's M】进行组间协方差齐性检验，只有该检验 P 值大于显著性水平，也就是说没有足够的证据证明协方差矩阵有差别时，才可以进行判别分析。但是从实用角度来说，真正完全满足该方差齐性条件的数据几乎是不存在的，所以一般不关心它的结果。【系数函数】复选框中，【Fisher】给出 Bayes 准则的判别函数，【未标准化】给出 Fisher 判别法建立起来的判别函数的未标准化系数，由于可以将实测数据值代入方程中计算概率，该系数使用起来比标准化系数更方便一些。【矩阵】复选框一般用于拟合优度检验。

图 3-3　"判别分析：步进法"对话框　　图 3-4　"判别分析：统计量"对话框

（4）单击【分类】按钮，出现【判别分析：分类】对话框，如图 3-5 所示。【先验概率】选择用于分类的先验概率，有两个选项：【所有组相等】是假设各类先验概率均相等；【根据组大小计算】是假设各类的频率为先验概率。【使用协方差矩阵】是指选择计算时所用的协差阵的种类，可以是默认的组内协差阵，也可以是分别用各组的协差阵。【输出】选择输出的指标：【个案结果】输出每个个案判别后所属类别、预测各组后验概率及判别分数；【将个案限制在前】输出前 n 条记录的判别结果；【摘要表】输出判别分析正确分组或错误分组的个案数；【不考虑该个案时的分类】在建立判别函数时去掉该例，然后用函数进行判别，这样可以发现强影响点。这种方法也被称为交叉验证（Cross-Validation）。【图】用于选择可输出的判别图：【合并图】组合组图，绘制前两个判别函数值所有分组的散点图，如果只有一个判别函数，则只绘制直方图；【分组】分离组图，绘制前两个判别函数值每组单独的散点图，如果只有一个判别函数，只绘制直方图；【区域图】根据组的分类，绘制各组的重心和边界，如果抽取一个判别函数，则不绘制区域图。

（5）点击【保存】按钮，出现【判别分析：保存】对话框，如图 3-6 所示。【预测组成员】将预测个案所属类别保存为新变量，【判别得分】输出各记录的判别分数，【组成员概率】输出个案某一类的概率。

图 3-5　"判别分析：分类"对话框　　图 3-6　"判别分析：保存"对话框

（6）点击【继续】→【确定】，即可得到输出结果。

3.4.2.2　输出结果

点击【继续】→【确定】，即可得到如下的输出结果。

输出结果如图 3-7 至图 3-8 所示，其是对各组的描述统计量和对各组均值是否相等的检验。图 3-7 是分析样本及其缺失的情况。图 3-8 是各变量的描述统计分析，图 3-9 是各组变量均值是否相等的统计检验。

分析案例处理摘要

未加权案例		N	百分比
有效		150	100.0
排除的	缺失或越界组代码	0	.0
	至少一个缺失判别变量	0	.0
	缺失或越界组代码还至少有一个缺失判别变量	0	.0
	合计	0	.0
合计		150	100.0

图 3-7　"案例处理摘要"输出结果

从图 3-9 中可以看出四个变量各自的均值在 0.05 的显著性水平上是不相等的。

组统计量

Group_id		均值	标准差	有效的 N（列表状态）	
				未加权的	已加权的
1	花瓣长	5.006	.3525	50	50.000
	花瓣宽	3.428	.3791	50	50.000
	花萼长	1.462	.1737	50	50.000
	花萼宽	.246	.1054	50	50.000
2	花瓣长	5.936	.5162	50	50.000
	花瓣宽	2.770	.3138	50	50.000
	花萼长	4.260	.4699	50	50.000
	花萼宽	1.326	.1978	50	50.000
3	花瓣长	6.588	.6359	50	50.000
	花瓣宽	2.974	.3225	50	50.000
	花萼长	5.552	.5519	50	50.000
	花萼宽	2.026	.2747	50	50.000
合计	花瓣长	5.843	.8281	150	150.000
	花瓣宽	3.057	.4359	150	150.000
	花萼长	3.758	1.7653	150	150.000
	花萼宽	1.199	.7622	150	150.000

图 3-8　"组统计量"输出结果

组均值的均等性的检验

	Wilks 的 Lambda	F	df1	df2	Sig.
花瓣长	.381	119.265	2	147	.000
花瓣宽	.599	49.160	2	147	.000
花萼长	.059	1180.161	2	147	.000
花萼宽	.071	960.007	2	147	.000

图 3-9　"组均值的均等性的检验"输出结果

　　协方差矩阵相等的箱式（Box' M）检验结果如图 3-10 和图 3-11 所示。图 3-10 反映协方差矩阵的秩和行列式的对数值。由行列式值可以看出，协方差矩阵不是病态矩阵。图 3-11 是对总体协方差阵是否相等的统计检验。由 F 值及其显著水平可以看出，其在 0.05 的显著性水平下拒绝原假设，即认为各组的协方差阵不等。

　　在【分类】选项中的协方差矩阵选择可以考虑采用【分组】，以检验采用【分组】和【在组内】两种协方差所得出的结果是否存在显著差异。如果存在差异，就应该采用【分组】协方差矩阵，反之就用【组内】协方差矩阵。

　　统计步骤输出逐步回归分析结果，如图 3-12 到图 3-15 所示。

对数行列式

Group_id	秩	对数行列式
1	4	-13.067
2	4	-10.874
3	4	-8.927
汇聚的组内	4	-9.959

打印的行列式的秩和自然对数是组协方差矩阵的秩和自然对数。

图 3-10 "对数行列式"输出结果

检验结果

箱的 M		146.663
F	近似。	7.045
	df1	20
	df2	77566.751
	Sig.	.000

对相等总体协方差矩阵的零假设进行检验。

图 3-11 "检验结果"输出结果

输入的/删除的变量[a,b,c,d]

步骤	输入的	Wilks 的 Lambda							
		统计量	df1	df2	df3	精确 F			
						统计量	df1	df2	Sig.
1	花萼长	.059	1	2	147.000	1180.161	2	147.000	.000
2	花瓣宽	.037	2	2	147.000	307.105	4	292.000	.000
3	花萼宽	.025	3	2	147.000	257.503	6	290.000	.000
4	花瓣长	.023	4	2	147.000	199.145	8	288.000	.000

在每个步骤中，输入了最小化整体Wilk的Lambda的变量
a. 步骤的最大数目是 8。
b. 要输入的最小偏 F 是 3.84。
c. 要删除的最大偏 F 是 2.71。
d. F 级、容差或 VIN 不足以进行进一步计算。

图 3-12 "输入的/删除的变量"输出结果

图 3-12 和图 3-13 说明变量进入判别函数的情况。图 3-14 说明不在分析中的变量，结果反映花萼长对判别函数的贡献不明显，其他三个变量被选入判别方程。图 3-15 说明判别函数的显著性，第四步的结果说明判别函数在 0.05 的显著性水平下是显著的，模型拟合效果较好。

典型判别函数摘要的输出，如图 3-16 到图 3-21 所示。

图 3-16 说明选取了两个典型判别函数，它们可以解释全部的方差。图 3-17 是对两个判别函数的 Wilk's Lamada 检验，检验结果说明两个判别函数在 0.05 的显著性水平下是显著的。图 3-18 是标准化判别式函数，图 3-19 是结构矩阵（即判别载荷矩阵），表明判别变量与标准化的判别函数之间的相关矩阵，图 3-20 是非标准化的判别式函数，图 3-21 反映各组的重心。由此可以计算出临界点，从而根据判别函数计算出判别 Z 得分，对各个观测进行

分析中的变量

步骤		容差	要删除的 F	Wilks 的 Lambda
1	花萼长	1.000	1180.161	
2	花萼长	.857	1112.954	.599
	花瓣宽	.857	43.035	.059
3	花萼长	.736	38.724	.038
	花瓣宽	.749	54.577	.044
	花萼宽	.669	34.569	.037
4	花萼长	.365	35.590	.035
	花瓣宽	.609	21.936	.031
	花萼宽	.649	24.904	.032
	花瓣长	.348	4.721	.025

图 3-13　"分析中的变量"输出结果

不在分析中的变量

步骤		容差	最小容差	要输入的 F	Wilks 的 Lambda
0	花瓣长	1.000	1.000	119.265	.381
	花瓣宽	1.000	1.000	49.160	.599
	花萼长	1.000	1.000	1180.161	.059
	花萼宽	1.000	1.000	960.007	.071
1	花瓣长	.428	.428	34.323	.040
	花瓣宽	.857	.857	43.035	.037
	花萼宽	.765	.765	24.766	.044
2	花瓣长	.358	.358	12.268	.032
	花萼宽	.669	.669	34.569	.025
3	花瓣长	.348	.348	4.721	.023

图 3-14　"不在分析中的变量"输出结果

Wilks 的 Lambda

步骤	变量数目	Lambda	df1	df2	df3	精确 F			
						统计量	df1	df2	Sig.
1	1	.059	1	2	147	1180.161	2	147.000	.000
2	2	.037	2	2	147	307.105	4	292.000	.000
3	3	.025	3	2	147	257.503	6	290.000	.000
4	4	.023	4	2	147	199.145	8	288.000	.000

图 3-15　"Wilks 的 Lambda"输出结果

归类。

根据图 3-18，可以写出标准化的判别函数：

$Func1 = -0.427 \times$ 花瓣长* $- 0.521 \times$ 花瓣宽* $+ 0.947 \times$ 花萼长* $+ 0.575 \times$ 花萼宽*

$Func2 = 0.012 \times$ 花瓣长* $+ 0.735 \times$ 花瓣宽* $- 0.401 \times$ 花萼长* $+ 0.581 \times$ 花萼宽*

需要注意的是，上面两式中的变量之所以带 $*$ 号，指都是经过标准化变换之后的，虽然这样会给计算带来困难，但是通过标准化的判别系数可以判断出两个判别函数分别主要

特征值

函数	特征值	方差的 %	累积 %	正则相关性
1	32.192[a]	99.1	99.1	.985
2	.285[a]	.9	100.0	.471

a. 分析中使用了前 2 个典型判别式函数。

图 3-16 "特征值"输出结果

Wilks 的 Lambda

函数检验	Wilks 的 Lambda	卡方	df	Sig.
1 到 2	.023	546.115	8	.000
2	.778	36.530	3	.000

图 3-17 "Wilks 的 Lambda"输出结果

标准化的典型判别式函数系数

	函数	
	1	2
花瓣长	-.427	.012
花瓣宽	-.521	.735
花萼长	.947	-.401
花萼宽	.575	.581

图 3-18 "标准化的典型判别式函数系数"输出结果

结构矩阵

	函数	
	1	2
花萼长	.706*	.168
花瓣宽	-.119	.864*
花萼宽	.633	.737*
花瓣长	.223	.311*

判别变量和标准化典型判别式函数之间的汇聚组间相关性

按函数内相关性的绝对大小排序的变量。

*. 每个变量和任意判别式函数间最大的绝对相关性

图 3-19 "结构矩阵"输出结果

受哪些变量的影响比较大。根据图 3-20，可以写出非标准化的判别函数：

$Func1 = -2.105 - 0.829 \times 花瓣长 - 1.534 \times 花瓣宽 + 2.201 \times 花萼长 + 2.810 \times 花萼宽$

$Func2 = -6.661 + 0.024 \times 花瓣长 + 2.165 \times 花瓣宽 - 0.963 \times 花萼长 + 2.839 \times 花萼宽$

输出分类统计量，结果如图 3-22 到图 3-24 所示。

典型（非标准化）判别式函数系数

	函数	
	1	2
花瓣长	-.829	.024
花瓣宽	-1.534	2.165
花萼长	2.201	-.932
花萼宽	2.810	2.839
(常量)	-2.105	-6.661

非标准化系数

图 3-20　"典型判别式函数系数"输出结果

组质心处的函数

	函数	
Group_id	1	2
1	-7.608	.215
2	1.825	-.728
3	5.783	.513

在组均值处评估的非标准化典型判别式函数

图 3-21　"组质心处的函数"输出结果

分类处理摘要

已处理的		150
已排除的	缺失或越界组代码	0
	至少一个缺失判别变量	0
用于输出中		150

图 3-22　"分类处理摘要"输出结果

图 3-22 给出的是对观测分类的总体概括，说明 150 个观测值都参与分类。图 3-23 给出的是各组的先验概率，由于选择先验概率按各组大小计算，所以各组的先验概率是与各组大小成正比例的。图 3-24 给出分类函数系数，也就是费希尔线性判别函数系数，由表中的结果可以说明：$y = 1$ 这一组的分类函数是：

$f_1 = -86.308 + 23.544 \times 花瓣长 + 23.588 \times 花瓣宽 - 16.431 \times 花萼长 - 17.398 \times 花萼宽$

$f_2 = -72.853 + 15.698 \times 花瓣长 + 7.073 \times 花瓣宽 + 5.211 \times 花萼长 + 6.434 \times 花萼宽$

$f_3 = -104.368 + 12.446 \times 花瓣长 + 3.685 \times 花瓣宽 + 12.767 \times 花萼长 + 21.079 \times 花萼宽$

可以根据这三组函数计算出每个观测在各组的分类得分，然后将该观测归到得分最高的组中。

组的先验概率

Group_id	先验	用于分析的案例	
		未加权的	已加权的
1	.333	50	50.000
2	.333	50	50.000
3	.333	50	50.000
合计	1.000	150	150.000

图3-23　"组的先验概率"输出结果

分类函数系数

	Group_id		
	1	2	3
花瓣长	23.544	15.698	12.446
花瓣宽	23.588	7.073	3.685
花萼长	-16.431	5.211	12.767
花萼宽	-17.398	6.434	21.079
(常量)	-86.308	-72.853	-104.368

Fisher 的线性判别式函数

图3-24　"分类函数系数"输出结果

图3-25和图3-26分别为典则判别函数和分类结果。图3-25为典则判别函数分类图，从图中可以很清楚地看到第一组、第二组和第三组被区分出来。而第二组和第三组之间存在重合区域，即存在误判。

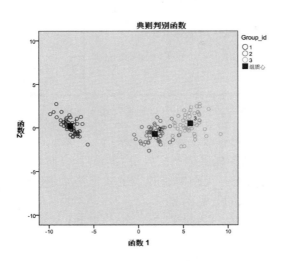

图3-25　典则判别输出的分类图

分类结果[a]

		Group_id	预测组成员			合计
			1	2	3	
初始	计数	1	50	0	0	50
		2	0	48	2	50
		3	0	1	49	50
	%	1	100.0	.0	.0	100.0
		2	.0	96.0	4.0	100.0
		3	.0	2.0	98.0	100.0

a. 已对初始分组案例中的 98.0% 个进行了正确分类。

图 3-26　"典则判别"输出分类结果

由输出结果 3-26 可以看出，通过判别函数预测，有 147 个观测是分类正确的，其中 $y=1$ 组 50 个观测全部被判对，$y=2$ 组有 48 个观测被判对，$y=3$ 组有 49 个观测被判对，从而有 $147/150 = 98.0\%$ 的原始观测被判对。

3.4.2　对某医院心电图检测结果进行判别分析

选用某医院利用心电图检测对人群进行划分的数据，如表 3-1 所示，其中 g 指标表示的是对人群组别的划分，"$g=1$" 表示 "健康人"；"$g=2$" 表示 "主动脉硬化患者"；"$g=3$" 表示 "冠心病患者"；其余五个指标（即 $X1$、$X2$、$X3$、$X4$、$X5$）分别表示测得的心电图显示的表明心脏功能的五项指标，依次进行判别分析。此外，某测试者心电图的该五项指标的数据分别为：5.02、380.20、15.03、5.03、9.08，判断其归属。

表 3-1　某医院利用心电图检测对人群进行划分的数据

编号	$X1$	$X2$	$X3$	$X4$	$X5$	g
1	6.80	308.90	15.11	5.52	8.49	2
2	8.11	261.10	13.23	6.00	7.36	1
3	9.36	185.39	9.02	5.66	5.99	1
4	5.22	330.34	18.19	4.96	9.61	3
5	8.68	258.69	14.02	4.79	7.16	2
6	9.85	249.58	15.61	6.06	6.11	1
7	2.55	137.13	9.21	6.11	4.35	1
8	5.67	355.54	15.13	4.97	9.43	2
9	6.01	231.34	14.27	5.21	8.79	1
10	4.71	331.47	21.26	4.30	13.72	3
11	9.64	231.38	13.03	4.88	8.53	1
12	4.11	260.25	14.72	5.36	10.02	1
13	4.71	352.25	20.79	5.07	11.00	3
14	8.10	476.69	7.38	5.32	11.32	2
15	8.90	259.51	14.16	4.91	9.79	1

编号	$X1$	$X2$	$X3$	$X4$	$X5$	g
16	3.71	316.12	17.12	6.04	8.17	2
17	3.36	347.31	17.90	4.65	11.19	3
18	7.71	273.81	16.01	5.15	8.79	1
19	5.37	274.57	16.75	4.98	9.67	2
20	8.27	189.56	12.74	5.46	69.94	3
21	7.51	303.59	19.14	5.70	8.53	1
22	9.89	409.42	19.47	5.19	10.49	2
23	8.06	231.03	14.41	5.72	6.15	1

　　该实验共有五个指标（即 $X1$、$X2$、$X3$、$X4$、$X5$），其分别表示测得的心电图显示表明心脏功能的五项指标，依次进行判别分析。由于这五个指标对判别函数的贡献大小无法确定，所以采用 Wilks′λ 进行逐步判别分析，使用 F 值作为判别统计量，该选项使用系统默认值，即当变量的 $F \geqslant 3.84$ 时变量进入模型，当 $F \leqslant 2.71$ 时将变量从模型中移走。

3.4.2.1　具体操作过程

　　（1）建立数据集。点击【分析】→【分类】→【判别】，打开判别分析对话框，如图 3-27 所示。将变量"g"选入【分组变量】栏中，然后【定义范围】变亮，单击【定义范围按钮，如图 3-28 所示。在打开的对话框中，在最小值中输入 1，最大值中输入 3，然后单击【继续】按钮。

　　（2）将图 3-27 中的五个变量 $X1$、$X2$、$X3$、$X4$、$X5$ 选入【自变量】栏中。

　　（3）在图 3-26 的对话框中，选择【使用步进式方法】，表明使用逐步判别法进行判别分析。

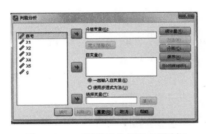

图 3-27　"判别分析"对话框　　　图 3-28　"判别分析：定义范围"对话框

　　（4）在图 3-27 的对话框中，单击【统计量】按钮，如图 3-29 所示。选择全选，单击【继续】返回。

　　（5）单击【方法】对话框，打开如图 3-30 所示对话框，在【方法】栏中选择默认的 Wilks' lambda 法，在【标准】栏的【使用 F 值】中使用默认值，其他选项选择默认状态。

图 3-29　"判别分析：统计量"对话框

图 3-30　"判别分析：步进法"对话框

（6）单击【分类】按钮，如图 3-31 所示。在【先验概率】中，默认所有组相等，在【使用协方差矩阵】中选择默认值【在组内】。其余选项全选。

（7）单击【保存】按钮，如图 3-32 所示。所有选项全选，然后单击【继续】返回。

图 3-31　"判别分析：分类"对话框　图 3-32　"判别分析：保存"对话框

（8）点击【确定】按钮，输出结果。

3.4.2.2　输出结果

点击【确定】按钮。在输出窗口中显示如图 3-33 输出结果：

输入的/删除的变量[a,b,c,d]

步骤	输入的	Wilks 的 Lambda							
		统计量	df1	df2	df3	精确 F			
						统计量	df1	df2	Sig.
1	X2	.598	1	2	20.000	6.711	2	20.000	.006
2	X5	.390	2	2	20.000	5.707	4	38.000	.001
3	X1	.265	3	2	20.000	5.654	6	36.000	.000

在每个步骤中，输入了最小化整体 Wilk 的 Lambda 的变量。

a. 步骤的最大数目是 10。

b. 要输入的最小偏 F 是 3.84。

c. 要删除的最大偏 F 是 2.71。

d. F 级、容差或 VIN 不足以进行进一步计算。

图 3-33　"Wilks' Lambda"输出结果

图 3-33 是根据 Wilks' lambda 进行逐步选择变量并进行 F 检验的过程数据。可见，第一步纳入的变量是 $X2$，第二步纳入的变量是 $X5$，第三步纳入的变量是 $X1$。表格右侧给出的是 Wilks' Lambda 检验的具体结果，可通过观察 Sig 值来判断：通常当 Sig 值小于 0.05 或 0.01 时，则拒绝零假设，说明该变量在不同组中均值不同是由于组间差异引起的，而不是由随机误差引起的，即该变量在各组中均值差异显著，因此该值最大的先进入判别函数。本试验三个步骤的检验结果都是拒绝零假设，说明这两步中分别纳入判别函数的变量对正确判断分类都是有作用的。

图 3-34 和图 3-35 分别显示分析中的变量和不在分析中的变量选择过程。当没有变量在模型中，所有变量的容许度均为 1（容许度最小不能小于 0.001），其表示均有资格选入模型，其中变量 $X2$ 有最大的 F 值为 6.711，因此可以选入模型中；在第 2 步中，已有 1 个变量在模型中，所以其他变量的容许度变小，其中变量 $X5$ 有最大的 F 值为 5.067，所以变量 $X5$ 进入模型，此时在模型中变量 $X2$ 的最大 F 值大于设定的 1.35，所以保留在模型中；在第三步中，剩余变量均不满足进入模型的条件，选择变量过程结束。系统使用变量 $X2$ 和 $X5$ 来建立判别函数模型。

分析中的变量

步骤		容差	要删除的 F	Wilks 的 Lambda
1	X2	1.000	6.711	
2	X2	.833	9.076	.763
	X5	.833	5.067	.598
3	X2	.752	10.464	.573
	X5	.665	8.115	.504
	X1	.787	4.250	.390

图 3-34 "分析中的变量" 输出结果

图 3-36 显示自变量选择后，模型内的方差分析结果。可以看出三个变量的 Sig 值均小于 0.05，说明这三个变量对分组均是有效的变量。

图 3-37 是比较两个典型函数（F1 和 F2）对总体方差的贡献率，因为 F1 的特征值大于 F2，所以 F1 对总体的方差贡献大，占总贡献的 88.2%。

图 3-38 是函数的显著性检验表。P 值均小于 0.1，可以判断两个典型函数（F1 和 F2）都是显著的，即两个典型函数（F1 和 F2）都具有统计学意义。

图 3-39 给出的是标准化的典型判别函数系数，如果样本的变量值是标准化值（Z 分数），可直接带入下面函数来计算其判别分数：

$$F1 = -0.741Z_{X1} + 0.993Z_{X5} + 0.980Z_{X2}$$
$$F2 = 0.453Z_{X1} - 0.527Z_{X5} + 0.604Z_{X2}$$

其中，Z_{X1}、Z_{X5}、Z_{X2} 分别表示 $X1$、$X2$ 和 $X5$ 的 Z 标准化数值。实际上，两个函数式计算的是各观测样品在各个维度上的坐标值。因此，可以通过其计算出各观测样品的具体空间位置。

不在分析中的变量

步骤		容差	最小容差	要输入的 F	Wilks 的 Lambda
0	X1	1.000	1.000	1.729	.853
	X3	1.000	1.000	2.939	.773
	X5	1.000	1.000	3.105	.763
	X4	1.000	1.000	3.675	.731
	X2	1.000	1.000	6.711	.598
1	X1	.986	.986	1.777	.504
	X3	.914	.914	2.186	.486
	X5	.833	.833	5.067	.390
	X4	.954	.954	2.277	.483
2	X1	.787	.665	4.250	.265
	X3	.835	.761	3.118	.290
	X4	.924	.807	2.352	.309
3	X3	.835	.618	2.198	.211
	X4	.879	.621	2.671	.202

图 3-35　"不在分析中的变量"输出结果

Wilks 的 Lambda

步骤	变量数目	Lambda	df1	df2	df3	精确 F 统计量	精确 F df1	精确 F df2	精确 F Sig.
1	1	.598	1	2	20	6.711	2	20.000	.006
2	2	.390	2	2	20	5.707	4	38.000	.001
3	3	.265	3	2	20	5.654	6	36.000	.000

图 3-36　"Wilks' Lambda"输出结果

特征值

函数	特征值	方差的 %	累积 %	正则相关性
1	1.980[a]	88.2	88.2	.815
2	.266[a]	11.8	100.0	.458

a. 分析中使用了前 2 个典型判别式函数。

图 3-37　"特征值"的输出结果

　　图 3-40 给出的是描述变量和典型判别函数之间的相关性，变量按函数内相关的绝对值的大小排列，其中"*"表示变量与典型判别函数之间具有最大相关系数。

　　图 3-41 给出的是非标准化的典型判别函数系数，可建立如下两个函数：

$$F1 = -0.339X_1 + 0.84X_5 + 0.16X_2 - 3.236$$
$$F2 = 0.207X_1 - 0.45X_5 + 0.10X_2 - 3.714$$

Wilks 的 Lambda

函数检验	Wilks 的 Lambda	卡方	df	Sig.
1 到 2	.265	25.227	6	.000
2	.790	4.480	2	.998

图 3-38   "Wilks' Lambda" 输出结果

标准化的典型判别式函数系数

	函数	
	1	2
X1	-.741	.453
X5	.993	-.527
X2	.980	.604

图 3-39   输出的 "标准化的典型判别式函数 f 数"

结构矩阵

	函数	
	1	2
X2	.487	.872[*]
X5	.327	-.611[*]
X3[a]	-.022	.336[*]
X1	-.269	.335[*]
X4[a]	.133	-.320[*]

判别变量和标准化典型判别式函数之间的汇聚组间相关性

按函数内相关性的绝对大小排序的变量。

[*]. 每个变量和任意判别式函数间最大的绝对相关性

a. 该变量不在分析中使用。

图 3-40   输出的 "结构矩阵"

将各样本的原始数据值（非标准化）代入函数可计算得到判别分数，作为画区域图和散点图的依据。

图 3-42 给出的是各典型判别函数之间的均值（组心）。

图 3-43 显示的是分组处理小姐。

图 3-44 显示的是各组的先验概率相等，均为 0.333。

图 3-45 给出线性判别函数系数，可建立线性判别模型，如下：

$$Y1 = 1.077X_1 + 0.130X_5 + 0.069X_2 - 13.884$$
$$Y2 = 0.578X_1 + 0.260X_5 + 0.110X_2 - 23.068$$
$$Y3 = -0.092X_1 + 0.417X_5 + 0.116X_2 - 23.669$$

对于待判样品，可以将样品的各变量值分别代入 $Y1$、$Y2$、$Y3$ 进行计算，比较结果大

典型判别式函数系数

	函数	
	1	2
X1	-.339	.207
X5	.084	-.045
X2	.016	.010
(常量)	-3.236	-3.714

非标准化系数

图 3-41　输出的典型判别函数 f 数

组质心处的函数

	函数	
g	1	2
1	-1.297	-.163
2	.691	.681
3	1.885	-.596

在组均值处评估的非标准化典型判别式函数

图 3-42　输出"组质心处的函数"

分类处理摘要

已处理的		23
已排除的	缺失或越界组代码	0
	至少一个缺失判别变量	0
用于输出中		23

图 3-43　输出"分类处理摘要"

组的先验概率

		用于分析的案例	
g	先验	未加权的	已加权的
1	.333	11	11.000
2	.333	7	7.000
3	.333	5	5.000
合计	1.000	23	23.000

图 3-44　输出"组的先验概率"

分类函数系数

		g		
		1	2	3
X1		1.077	.578	-.092
X5		.130	.260	.417
X2		.069	.110	.116
(常量)		-13.884	-23.068	-23.669

Fisher 的线性判别式函数

图 3-45　输出 "分类函数系数"

小，将样品分入结果值最大的组中去。

在本实验中需要判断的某试验测试者心电图五项指标的数据分别为：5.02、380.20、15.03、5.03、9.08，依据上述线性判别模型来判断其归属。方法为：

将上述五个指标的数值分别代入上述公式，得到：

$$Y1 = 18.94, \quad Y2 = 24.02, \quad Y3 = 23.76$$

因此，应该将该观测样品划分到第 2 组中。

图 3-46 显示逐步判别分类结果。根据建立的判别模型分组，利用该图的初始部分来进行判断，则第 1 组的正确分组率为 81.8%，错判率为 18.2%；第 2 组的正确分组率为 71.4%，错判率为 28.6%；第 3 组的正确分组率为 80%，错判率为 20%。

分类结果[b,c]

		g	预测组成员			合计
			1	2	3	
初始	计数	1	9	2	0	11
		2	1	5	1	7
		3	0	1	4	5
	%	1	81.8	18.2	.0	100.0
		2	14.3	71.4	14.3	100.0
		3	.0	20.0	80.0	100.0
交叉验证[a]	计数	1	9	2	0	11
		2	2	3	2	7
		3	0	2	3	5
	%	1	81.8	18.2	.0	100.0
		2	28.6	42.9	28.6	100.0
		3	.0	40.0	60.0	100.0

a. 仅对分析中的案例进行交叉验证。在交叉验证中，每个案例都是按照从该案例以外的所有其他案例派生的函数来分类的。

b. 已对初始分组案例中的 78.3% 个进行了正确分类。

c. 已对交叉验证分组案例中的 65.2% 个进行了正确分类。

图 3-46　输出的 "分类结果"

3.5　实验练习

（1）现对全国大学生篮球队 14 支球队，就 "士气" "投篮" 和 "防守" 三方面进行评比，相关数据如表 3-2 所示。请区分强、中、弱组别，试判别分析这些数据。

表 3-2　全国大学生 14 支篮球队相关评分数据

队别	士气	投篮	防守
1	68	68	57
2	83	48	88
3	88	65	77
4	80	60	90
5	76	83	86
6	89	89	87
7	65	90	65
8	77	77	56
9	78	65	84
10	90	69	73
11	65	76	68
12	80	87	70
13	67	56	78
14	59	57	87

（2）现有 2006 年我国 29 个省份农村居民生活质量的两个重要指标：农村居民平均每人生活消费支出、农村居民住房面积，以此为样本建立模型，并对两个待判地区进行判别分析。数据如表 3-3 所示。

表 3-3　2006 年我国各省份农村居民住房面积与人均生活消费支出

	地区	住房面积（平方米/人）	生活消费支出合计（元）
样本	北京	39.83	5724.50
	天津	27.55	3341.06
	河北	29.13	2495.33
	山西	24.96	2253.25
	内蒙古	20.11	2771.97
	辽宁	25.20	3066.87
	吉林	20.68	2700.66
	上海	59.99	8006.00
	江苏	40.80	4135.21
	浙江	57.72	6057.16
	安徽	27.97	2420.94
	福建	42.35	3591.40
	江西	35.91	2676.60
	山东	30.69	3143.80
	河南	28.44	2229.28
	湖北	36.77	2732.46

续表

	地区	住房面积（平方米/人）	生活消费支出合计（元）
样本	广东	26.60	3885.97
	广西	29.60	2413.93
	海南	22.60	2232.19
	重庆	34.30	2205.21
	四川	34.67	2395.04
	贵州	23.84	1627.07
	云南	25.79	2195.64
	西藏	20.96	2002.24
	陕西	26.93	2181.00
	甘肃	19.12	1855.49
	青海	18.53	2178.95
	宁夏	21.64	2246.97
	新疆	21.95	2032.36
待判样本	湖南	39.28	3013.32
	黑龙江	20.91	2618.19

资料来源：《中国统计年鉴2007》，中国统计出版社。

（3）某超市经销十种品牌的饮料，其中有四种畅销，三种滞销，三种平销。表3-4是这十种品牌饮料的销售价格（元）和顾客对各种饮料的口味评分、信任度评分的平均数。

表3-4 某超市十种品牌的饮料四个指标数据

销售情况	产品序号	销售价格	口味评分	信任度评分
畅销	1	2.2	5	8
	2	2.5	6	7
	3	3	3	9
	4	3.2	8	6
平销	5	2.8	7	6
	6	3.5	8	7
	7	4.8	9	8
滞销	8	1.7	3	4
	9	2.2	4	2
	10	2.7	4	3

根据数据建立贝叶斯判别函数，并根据此判别函数对原样本进行回判。

现有一新品牌的饮料在该超市销售，其销售价格为3.0元，顾客对其口味的评分平均为8，信任评分平均为5，试预测该饮料的销售情况。

第4章 主成分分析

4.1 实验目的

本实验目的旨在使学生理解并掌握 SPSS 软件包中主成分分析的基本原理以及主成分分析过程的有关操作，具体包括以下几个方面：

(1) 了解主成分分析的基本原理。

(2) 掌握以累积方差贡献率为主的方法提取公因子。

(3) 理解在 SPSS19.0 中进行主成分分析的输出结果。

(4) 能够根据输出结果进行分析并解决经济管理中的实际问题。

4.2 实验原理

4.2.1 主成分分析的基本思想

主成分分析（Principal Components Analysis）也称主分量分析，在 1901 年由 Karl Parson 首次引进，不过当时只对非随机变量来讨论。Hotelling 于 1933 年将这个概念推广到随机向量。

主成分分析是将研究对象的多个相关变量（指标）化为少数几个不相关变量的一种多元统计方法。一般地说，利用主成分分析得到的主成分与原始变量之间有以下几种基本关系：①每一个主成分都是各原始变量的线性组合。②主成分的数目大大少于原始变量的数目。③主成分保留了原始变量绝大多数信息。④各主成分之间互不相关。

主成分分析是利用降维的思想，在损失很少信息的前提下把多个指标转化为几个综合指标的多元统计分析。通常把转化生成的综合指标称之为主成分，其中每个主成分都是原始变量的线性组合，且各个主成分之间互不相关，这就使主成分比原始变量具有某些更优越的性能。这样在研究复杂问题时就可以只考虑少数几个主成分而不至于损失太多信息，从而更容易抓住主要矛盾，揭示事物内部变量之间的规律性，同时使问题得到简化，提高分析效率。我们主要介绍主成分分析的基本理论和方法、主成分分析的计算步骤及在 SPSS 中的实现。

4.2.2 主成分分析的数学模型及几何解释

4.2.2.1 数学模型

设有 n 个样品，每个样品观测 p 项指标（变量）：X_1，X_2，$\cdots$，X_p，得到原始数据资料阵：

$$X = \begin{pmatrix} x_{11} & x_{12} & \cdots & x_{1p} \\ x_{21} & x_{22} & \cdots & x_{2p} \\ \vdots & \vdots & \vdots & \vdots \\ x_{n1} & x_{n2} & \cdots & x_{np} \end{pmatrix} \triangleq (X_1, X_2, \cdots, X_p) \tag{4-1}$$

其中，$X_i = \begin{bmatrix} x_{1i} \\ x_{2i} \\ \cdots \\ x_{ni} \end{bmatrix}$，$i = 1$，$\cdots$，$p$。

用数据矩阵 X 的 p 个向量（即 p 个指标向量）X_1，X_2，$\cdots$，X_p，作线性组合（即综合指标向量）为：

$$\begin{cases} Y_1 = u_{11} X_1 + u_{21} X_2 + \cdots + u_{p1} X_p \\ Y_2 = u_{12} X_1 + u_{22} X_2 + \cdots + u_{p2} X_p \\ \quad\quad\quad\quad \cdots\cdots \\ Y_p = u_{1p} X_1 + u_{2p} X_2 + \cdots + u_{pp} X_p \end{cases} \tag{4-2}$$

简写成：$Y_i = u_{1i} X_1 + u_{2i} X_2 + \cdots + u_{pi} X_p$，$i = 1$，$\cdots$，$p$。

注意：X_i 是 n 维向量，所以 Y_i 也是 n 维向量。

式（4-2）中要求：$u_{1i}^2 + u_{2i}^2 + \cdots + u_{pi}^2 = 1$，$i = 1$，$\cdots$，$p$。

且系数 u_{ij} 由下列原则决定：

（1）Y_i 与 Y_j（$i \neq j$，i，$j = 1$，$\cdots$，p）不相关。

（2）Y_1 是 X_1，X_2，$\cdots$，X_p 的一切线性组合（系数满足上述方程组）中方差最大的，Y_2 是与 Y_1 不相关的 X_1，X_2，$\cdots$，X_p 的一切线性组合中方差最大的，Y_p 是与 Y_1，Y_2，$\cdots$，Y_{p-1} 不相关的 X_1，X_2，$\cdots$，X_p 的一切线性组合中方差最大的。

4.2.2.2 主成分的几何意义

下面将以最简单的二元正态变量说明主成分的几何意义。设有 n 个样品，每个样品有 p 个变量记为 X_1，X_2，$\cdots$，X_p，它们的综合变量记为 F_1，F_2，$\cdots$，F_p。当 $p = 2$ 时，原变量是 X_1、X_2，设 $X = (X_1, X_2)' \sim N_2(\mu, \Sigma)$，它们有如图 4-1 所示的相关关系。

对于二元正态分布变量，n 个点的散点大致为一个椭圆，若在椭圆长轴方向取坐标轴 F_1，在短轴方向取坐标轴 F_2，这相当于在平面上做一个坐标变换，即按逆时针方向旋转 θ 角度，根据旋转变换公式新旧坐标之间有关系：

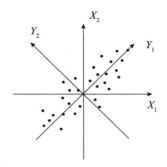

图 4-1　二维主成分分析的几何意义

$$\begin{cases} F_1 = X_1 cos\theta + X_2 sin\theta \\ F_2 = -X_1 sin\theta + X_2 cos\theta \end{cases} \tag{4-3}$$

这时 F_1 和 F_2 是原变量 X_1 和 X_2 的线性组合，用矩阵表示为下式，且 $U'U = I$：

$$\begin{bmatrix} F_1 \\ F_2 \end{bmatrix} = \begin{pmatrix} cos\theta & sin\theta \\ -sin\theta & cos\theta \end{pmatrix} \begin{bmatrix} X_1 \\ X_2 \end{bmatrix} \triangleq U \cdot X \tag{4-4}$$

从图 4-1 还容易看出二维平面上的 n 个点的波动（可用方差表示）大部分可以归结为在 F_1 轴上的波动，而在 F_2 轴上的波动是较小的。如果图 4-1 的椭圆是相当扁平的，那么我们可以只考虑 F_1 轴方向上的波动，而忽略 F_2 轴上的波动。这样二维就可以降为一维了，只取第一个综合变量 F_1 即可，而 F_1 是椭圆的长轴。

一般情况，p 个变量组成 p 维空间，n 个样品就是 p 维空间的 n 个点，对 p 元正态分布变量来说，找主成分的问题就是找 p 维空间中椭球体的主轴问题。

4.2.3　主成分的推导及性质

设：$Y = u_1 X_1 + u_2 X_2 + \cdots + u_p X_p \triangleq u'X$，其中：$u = (u_1, u_2, \cdots, u_p)'$，$X = (X_1, X_2, \cdots, X_p)'$，求主成分就是寻找 X 的线性函数 $u'X$ 使相应的方差尽可能地大，即使

$Var(u'X) = E(u'X - E(u'X))(u'X - E(u'X))' = u'E(X - EX)(X - EX)'u = u'\Sigma u$ 达到最大值，且 $u'u = 1$。

设协差阵 Σ 的特征根为 $\lambda_1 \geqslant \lambda_2 \geqslant \cdots \geqslant \lambda_p > 0$，相应的单位特征向量为 γ_1，γ_2，$\cdots$，γ_p。

令 $U_{p \times p} \triangleq (\gamma_1, \gamma_2, \cdots, \gamma_p)$，满足 $UU' = U'U = I$，

且 $\Sigma = U \begin{bmatrix} \lambda_1 & & & \\ & \lambda_2 & & \\ & & \ddots & \\ & & & \lambda_p \end{bmatrix} U' = \sum_{k=1}^{p} \lambda_k \gamma_k \gamma_k'$，

因此，$u'\Sigma u = u\left(\sum_{k=1}^{p} \lambda_k \gamma_k \gamma_k'\right)u' = \sum_{k=1}^{p} \lambda_k (u\gamma_k)(\gamma_k' u') = \sum_{k=1}^{p} \lambda_k (u\gamma_k)^2$。

所以，$u'\Sigma u \leqslant \lambda_1 \sum\limits_{k=1}^{p} (u\gamma_k)^2 = \lambda_1 \sum\limits_{k=1}^{p} (u\gamma_k)(u\gamma_k)' \leqslant \lambda_1$。

当 $u = \gamma_1$ 时有：$\gamma'_1 \Sigma \gamma_1 = \sum\limits_{k=1}^{p} \lambda_k (\gamma_1 \gamma_k)^2 = \lambda_1$。

因此，当 $u = \gamma_1$ 时，使 $Var(a'X)$ 达到最大值，且 $Var(u_1'X) = \lambda_1$。

同理，$Var(u_i'X) = \lambda_i$。而且：$Cov(u_i'X, u_j'X) = 0,\ i \neq j$。

上述表明：X_1，X_2，$\cdots$，X_p 的主成分就是以 Σ 的特征向量为系数的线性组合，它们互不相关，其方差为 Σ 的特征根。

定义 1：称第一主成分的贡献率为 $\dfrac{\lambda_1}{\sum\limits_{i=1}^{p}\lambda_i}$，由于 $Var(F_1) = \lambda_1$，所以 $\dfrac{\lambda_1}{\sum\limits_{i=1}^{p}\lambda_i} = \dfrac{Var(F_1)}{\sum\limits_{i=1}^{p}Var(F_i)}$。称前 k 个主成分的累计贡献率为 $\sum\limits_{i=1}^{k}\lambda_i / \sum\limits_{i=1}^{p}\lambda_i$。

确定取几个成分作为主成分的判定方法有两种：其一，取所有特征值大于 1 的成分作为主成分。其二，根据累计贡献率达到的百分比值确定，一般取累计贡献率达到 85%。

注：当协方差 Σ 未知时，可用其估计量 S 来代替。对于标准化数据，变量的样本协方差阵和样本相关阵是相同的。因此，在实际应用中，计算前先消除量纲的影响，并将原始数据标准化。这样 S 与 R 相同。因此一般求 R 的特征根和特征向量。

4.3 实验步骤

在 SPSS 中没有把主成分分析作为一种独立的分析方法，而是和因子分析公用一个过程。因此，在 SPSS 中进行主成分分析时会输出许多因子分析中的结果，但这并不影响分析结果的准确性，而且相应的输出都可以根据因子分析模型和主成分分析模型之间的关系进行转换。

主成分分析过程的操作步骤：

第一步，将原始数据进行标准化处理。

第二步，计算样本相关矩阵。

第三步，求相关矩阵 R 的特征值及相互正交的单位特征向量。

第四步，选择 m 个主成分（一般使其方差贡献率达到 85% 以上）。

第五步，对所选主成分作解释。

4.4 实验操作与结果分析

4.4.1 数据集 Emploee 进行聚类分析

选取 Employee data 为 Midwestern 银行在 1969~1971 年雇员情况的统计数据，共包括

474 条观测及 10 个变量：Id（观测号）、Gender（性别）、Bdata（出生日期）、Educ（受教育程度/年数）、Jobcat（工作种类）、Salary（目前年薪）、Salbegin（开始受聘时的年薪）、Jobtime（受雇时间/月）、Prevexp（受雇以前的工作时间/月）、Minority（是否是少数民族）。

下面我们将用主成分分析方法处理数据，以便用少数变量来描述该地区居民的雇佣情况。打开数据集 Employee data. sav。使用 SPSS19.0 的详细操作如下：

4.4.1.1　操作过程

（1）对于已有数据集的分析过程。依次选择【分析】→【降维】→【因子分析】，进入【因子分析】（Factor Analysis）对话框。在 SPSS 软件中，主成分分析与因子分析均在 Factor Analysis 模块中完成，如图 4-2 所示。

此时，数据集 Employee data. sav 中的变量名均已显示在左边的窗口中。依次选择 Educ、Salary、Salbegin、Jobtime、Prevexp，同时点向右的箭头按钮，这五个变量便进入【变量】窗口（此时若选中【变量】窗口中的变量，则窗口左边的按钮即转向左侧，点击按钮即可剔除所选中的变量），如图 4-3 所示。

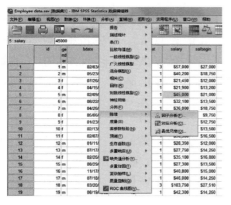

图 4-2　数据编辑窗口

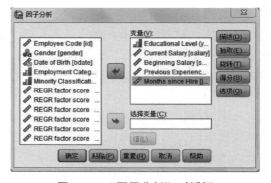

图 4-3　"因子分析"对话框

（2）点击【描述】按钮，弹出的对话框如图 4-4 所示。在弹出的对话框中，系统默认【统计量】中【单变量描述性】用于输出参与分析的各原始变量的均值、标准差和样本量，【原始分析结果】为系统默认选择项，用于输出原始分析结果，包括原始变量的公因子方差、与变量数目相等的因子、各因子的特征值、各因子特征值占总方差的百分比以及累积百分比。

【相关矩阵】栏中，【系数】输出原始变量的相关系数矩阵；【显著性水平】输出所有变量相关系数单侧检验的 P-值；【行列式】输出相关系数矩阵的行列式；【KMO 和 Bartlett 的球形度检验】输出 KMO 和 Bartlett 的球形检验结果；【逆模型】输出相关系数矩阵的逆矩阵；【再生】输出再生相关阵，选择此项给出因子分析后的相关阵，还给出残差，即原始变量相关与再生相关之间的差值；【反映象】给出反映象相关矩阵，其元素等于副偏相关系数。

【逆模型】【再生】【反映象】一般不会用到，它们在实际分析中没有实用价值。

（3）点击【抽取】按钮，弹出如图4-5所示的对话框。

图4-4　"因子分析：描述统计"对话框　　　图4-5　"因子分析：抽取"对话框

在【方法】栏中可以选择：【主成份】是指选取主成分方法作为提取公因子的方法。此方法是系统默认的方法，也是最常用的方法。在绝大多数情况下不需要更改。【未加权的最小平方法】使观测的和再生的相关阵之差的平方和最小，不计对角元素。【综合最小平方法】是用变量单值的倒数值加权，使观测的和再生的相关阵之差的平方和最小，此方法中较高的值与相对较低的值而言给予的权重要小。【最大似然】不要求多元正态分布给出的参数估计，如果样本来自多元正态总体，它们与原始变量的相关阵极为相似，原始分析变量用变量单值倒数加权，使用迭代算法。【主轴因子分解】使用多元相关的平方作为对公因子方差的初始估计，初始估计公因子方差时多元相关系数的平方置于对角线上。【α因子分解】是假设观测变量是固定的并且样本在某个总体中，它认为因子分析中包括的变量是来自潜在变量空间中的一个样本，这些变量是通过给定的总体观测得到的，因子解应该使提取的公因子和假设存在的公因子有最大的相关。【映象因子分解】是由 Guttman 提出的因子提取方法，该方法是根据变量映象的概念提取公因子的方法，把一个变量看作其他变量的多元回归，而不是假设因子的函数。

在【分析】栏中确定各变量的相关矩阵和协方差矩阵。【相关性矩阵】是系统默认选项，输出各变量的相关矩阵，如果参与分析变量的测度单位不同时，应该选择此项。【协方差矩阵】输出各变量的协方差矩阵。

在【输出】栏中确定与因子有关的输出项。【未旋转的因子解】是系统默认选项，输出未经因子旋转变换的因子提取结果。【碎石图】输出碎石图。要求显示按照特征值大小排列的因子序号。以特征值为两个坐标轴的碎石图，横轴为因子序号，纵轴表示特征值大小。

在【抽取】栏中设定公因子的提取标准。【基于特征值】是系统默认选项，以特征根大于某个数值为提取标准，系统默认为1。【因子的固定数量】指定提取公因子的数目。

【最大收敛性迭代次数】系统默认最大迭代次数为25次，可输入因子分析收敛的最大迭代次数。

（4）点击右侧的【OK】按钮，即可得到输出结果。

4.4.1.2　输出结果

点击右侧的【OK】按钮，即可得到如下的输出结果。

SPSS 在调用【因子分析】过程进行分析时，先会自动对原始变量进行标准化，因此，在以后的输出结果中通常情况下都是指标标准化后的变量。在输出的表中还会给出一些因子分析相关的内容，我们仅给出和主成分分析有关的内容。

图 4-6 给出的是未标准化变量的统计量，即均值、标准差和样本容量。

描述统计量

	均值	标准差	分析 N
Educational Level (years)	13.49	2.885	474
Current Salary	$34,419.57	$17,075.661	474
Beginning Salary	$17,016.09	$7,870.638	474
Months since Hire	81.11	10.061	474
Previous Experience (months)	95.86	104.586	474

图 4-6　"描述统计量"的输出结果

图 4-7 给出的是原始变量之间的相关系数矩阵。可见许多变量之间的相关性比较强，确实存在信息上的重叠。图 4-8 给出了该次分析从每个原始变量中提取的信息即变量共同度，变量共同度的大小说明对该变量提取的信息接近于 100%，表明模型解释了每一个变量的 75%以上的方差，剩余部分由特殊因子解释。表格下面的注示表明，该次分析是用因子分析（Factor Analysis）提取方法即主成分分析完成的。但可以看到除了受教育程度信息损失较大外，主成分几乎包含了各个原始变量至少 90%的信息。

相关矩阵

		Educational Level (years)	Current Salary	Beginning Salary	Months since Hire	Previous Experience (months)
相关	Educational Level (years)	1.000	.661	.633	.047	-.252
	Current Salary	.661	1.000	.880	.084	-.097
	Beginning Salary	.633	.880	1.000	-.020	.045
	Months since Hire	.047	.084	-.020	1.000	.003
	Previous Experience (months)	-.252	-.097	.045	.003	1.000

图 4-7　"相关矩阵"输出结果

图 4-9 给出的是各主成分的方差贡献率和累计方差贡献率。软件中默认选择筛选主成

公因子方差

	初始	提取
Educational Level (years)	1.000	.754
Current Salary	1.000	.896
Beginning Salary	1.000	.916
Months since Hire	1.000	.999
Previous Experience (months)	1.000	.968

提取方法：主成份分析。

图 4-8　输出的"公因子方差"

分的条件是特征值大于 1，也可以方差累计贡献率达到 85% 的部分作为主成分。此处输出特征值大于 1 的主成分有三个，方差累计贡献率达到 90.656%。第一主成分的方差占所有主成分方差的 49.541%，接近一半。可见效果是比较好的。

解释的总方差

成份	初始特征值			提取平方和载入		
	合计	方差的 %	累积 %	合计	方差的 %	累积 %
1	2.477	49.541	49.541	2.477	49.541	49.541
2	1.052	21.046	70.587	1.052	21.046	70.587
3	1.003	20.070	90.656	1.003	20.070	90.656
4	.365	7.299	97.955			
5	.102	2.045	100.000			

提取方法：主成份分析。

图 4-9　输出的"解释的总方差"

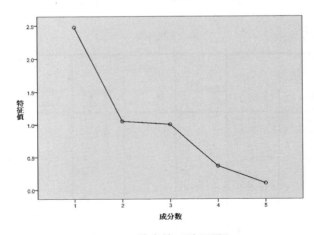

图 4-10　输出的"碎石图"

图 4-10 给出的是根据特征值所画的碎石图，也可以确定主成分的个数。此时，图中显示有三个主成分的特征值是大于 1 的，因此选择三个主成分。

　　图 4-11 给出的是主成分系数矩阵，可以说明各个主成分在各变量上的载荷，从而得出各主成分的表达式。此时需要注意的是，表达式中的各变量已经不是原始变量，而是标准化变量。以图 4-11 中 Current Salary 一行为例，不妨用 Y_1、Y_2、Y_3 来表示主成分，则由主成分系数矩阵表可以得到：

$$标准化的 Salary = 0.940 \times Y_1 + 0.104 \times Y_2 + 0.029 \times Y_3$$

成份矩阵[a]

	成份		
	1	2	3
Educational Level (years)	.846	-.194	-.014
Current Salary	.940	.104	.029
Beginning Salary	.917	.264	-.077
Months since Hire	.068	-.052	.996
Previous Experience (months)	-.178	.965	.069

提取方法：主成份。
a. 已提取了 3 个成份。

图 4-11　输出的"成份矩阵"

　　从上面主成分分析中，SPSS 默认的是从相关阵出发求解主成分，且默认保留特征值大于 1 的主成分。实际上，对主成分的个数可以自己确定，方法为：进入【因子分析】对话框并选择好变量之后，点击【抽取】选项，在弹出的对话框中有【抽取】选择框，默认是选择特征值大于 1 的主成分，可以输入其他数值来改变 SPSS 软件保留的特征根大小；另外还可以【因子的固定数量】直接确定主成分的个数。在实际进行主成分分析时，可以先按照默认设置做一次主成分分析，然后根据输出结果确定应保留主成分的个数，用该方法进行设定后重新分析。

　　因为上面的结果是默认从相关阵出发得到的，而对于由相关阵出发求得的主成分，其性质有简单的表达式，可以方便地加以验证。

　　由主成分矩阵的输出结果可以得到：

$$0.846^2 + 0.940^2 + 0.917^2 + 0.068^2 + (-0.178)^2 = 2.477$$

第一主成分的特征值 = 第一主成分的方差
又有：

$$0.940^2 + 0.104^2 + 0.029^2 = 0.895$$

这恰好与变量共同度表中第二个变量 Salary 所提取的信息相等。

　　由 SPSS 软件默认选项输出的结果，还不能得到用原始变量表示出主成分的表达式，这是因为主成分系数矩阵表中表示的是因子载荷矩阵而非主成分的系数矩阵，因此要对 SPSS 的因子分析模块运行结果进行调整。将主成分系数矩阵中的第 i 列的每个元素分别除以第 i 个特征根的平方根 $\sqrt{\lambda_i}$，就可以得到主成分分析的第 i 个主成分的系数。在 SPSS 中具体操作如下：

　　将图 4-7 中主成分系数矩阵中数据输入 SPSS 数据编辑窗口，分别命名为 a1、a2 和 a3。

　　为了计算第一个特征向量，点击菜单选项中的【转换】按钮，然后选择【计算变量】，出现如图 4-12 所示的对话框。

　　在【目标变数】中输入变量 z1，在【数字表达式】中输入表达式 a1/sqrt（2.477），点击【确定】按钮，即可在数据编辑窗口中得到以 z1 为变量名的第一特征向量。

　　通过相同的方式可以计算得到分别以 z2、z3 为变量名的第二和第三特征向量。得到

表 4-1 所示的特征向量矩阵。

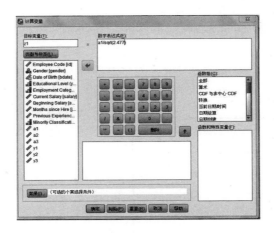

图 4-12 "计算变量"的对话框

表 4-1 特征向量矩阵

	z1	z2	z3
X1	0.5377	−0.1890	−0.0140
X2	0.5975	0.1018	0.0285
X3	0.5825	0.2570	−0.0768
X4	0.0432	−0.0509	0.9944
X5	−0.1134	−0.9410	0.0689

注：这里用 X1，X2，X3，X4，X5 表示特征向量第一到第五个分量。

根据表 4-1 可以得到主成分的表达式：
$$Y_1 = 0.5377X_1 + 0.5975X_2 + 0.5825X_3 + 0.0432X_4 - 0.1134X_5$$
$$Y_2 = -0.1890X_1 + 0.1018X_2 + 0.2570X_3 - 0.0509X_4 - 0.9410X_5$$
$$Y_3 = -0.0140X_1 + 0.0285X_2 - 0.0768X_3 + 0.9944X_4 + 0.0689X_5$$

4.4.2 对某市 15 家大中型工业企业相关的经济指标进行聚类分析

现对某市 15 家大中型工业企业关于经济的指标数据来进行主成分分析。经研究确定，从有关经济效益指标中选取七个指标作分析（见表 4-2）。其中，X1 表示固定资产率（%），X2 表示固定资产利率（%），X3 表示资金利润率（%），X4 表示资金利税率（%），X5 表示流动资金周转天数（天），X6 表示销售收入利税率（%），X7 表示全员劳动生产率（万元/人）。

表 4-2 某市主要大中型企业经济效益指标数据

企业	X1	X2	X3	X4	X5	X6	X7
1	53.25	16.68	18.40	26.75	55	31.84	1.75

企业	X1	X2	X3	X4	X5	X6	X7
2	59.82	19.70	19.20	27.56	55	32.94	2.87
3	46.78	15.20	16.24	23.40	65	32.98	1.53
4	34.39	7.29	4.76	8.97	62	21.30	1.63
5	75.32	29.45	43.68	56.49	69	40.74	2.14
6	66.46	32.93	33.87	42.78	50	47.98	2.60
7	68.18	25.39	27.56	37.85	63	33.76	2.43
8	56.13	15.05	14.12	19.49	76	27.21	1.75
9	59.25	19.82	20.17	28.78	71	33.41	1.83
10	52.47	21.13	26.52	35.20	62	39.16	1.73
11	55.76	16.75	19.23	28.72	58	29.62	1.52
12	61.19	15.83	17.43	28.03	61	26.40	1.60
13	50.14	16.53	20.63	29.73	69	32.49	1.31
14	67.95	22.24	37.00	54.59	63	31.05	1.57
15	51.07	12.92	12.54	20.82	66	25.12	1.83

4.4.2.1 操作过程

（1）建立数据文件，如图 4-13 所示。

图 4-13 数据编辑窗口

（2）将原始数据一致化处理。将指标中的逆指标流动资金周转天数（X5）正向（取倒数），以保证分析数据的一致可比性。操作过程如下：点击【转换】→【计算变量】，打开【计算变量】主对话框，在【目标变量】中输入 zx5，在【数字表达式】中输入 1/X5，即对变量 X5 取倒数生成新的变量 zx5，如图 4-14 所示。

（3）选择【分析】→【降维】→【因子分析】，打开因子分析主对话框，将七个变量移入到【变量】框中，如图 4-15 所示。

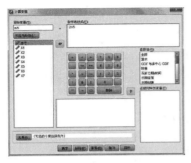
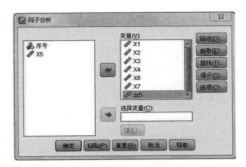

图 4-14　"计算变量"窗口　　　　　　图 4-15　"因子分析"对话框

（4）点击【描述】按钮，打开子对话框，选择输出原始分析结果与原始变量的相关系数矩阵及其所有变量相关系数单侧检验的 P 值，该过程如图 4-16 所示。

（5）单击【抽取】对话框，在【输出】栏中选择输出碎石图，因子选取七个，其余项都选择系统默认选项，选择如图 4-17 所示。

图 4-16　"因子分析：描述统计"对话框　　　图 4-17　"因子分析：抽取"对话框

（6）其他选项都选系统默认值，单击【确定】按钮，显示分析结果。

4.4.2.2　输出结果

单击【确定】，显示如下分析结果。

图 4-18 给出各变量之间的相关系数矩阵，说明各变量之间存在着较强的相关关系，如果直接用于分析，可能会带来共线性的问题，因此有必要对变量进行主成分分析。图 4-18 中的空格表明自身相关系数为 1，其不相关的显著性概率为 0，因此不再显示。

图 4-19 给出的是各变量的变量共同度。结果显示所有变量的共同度都是 1，表明模型解释了每一个变量的全部方差，而不需要特殊因子，即特殊因子的方差为 0。

图 4-20 给出所有的主成分，它们按照特征根从大到小的次序排列。可见，第一个主成分的特征根为 4.659，它解释了总变异的 66.563%；第二个主成分的特征根为 1.315，它解释了总变异的 18.784%；第三个主成分解释了总变异的 8.004%，但它的特征根为 0.560，远小于 1，这说明该主成分的解释力度还不如直接引入原始变量大。因此根据主成分个数的确定原则，即累积方差贡献率达到 80%~85% 以上和特征值大于 1 这两个原则，确定这七个变量需要提取两个主成分。

相关矩阵

		X1	X2	X3	X4	X6	X7	zx5
相关	X1	1.000	.850	.855	.859	.584	.494	.086
	X2	.850	1.000	.902	.849	.904	.598	.312
	X3	.855	.902	1.000	.988	.767	.330	.122
	X4	.859	.849	.988	1.000	.683	.265	.107
	X6	.584	.904	.767	.683	1.000	.497	.375
	X7	.494	.598	.330	.265	.497	1.000	.480
	zx5	.086	.312	.122	.107	.375	.480	1.000
Sig.（单侧）	X1		.000	.000	.000	.011	.030	.381
	X2	.000		.000	.000	.000	.009	.129
	X3	.000	.000		.000	.000	.115	.332
	X4	.000	.000	.000		.003	.170	.352
	X6	.011	.000	.000	.003		.030	.084
	X7	.030	.009	.115	.170	.030		.035
	zx5	.381	.129	.332	.352	.084	.035	

图 4-18　输出的"相关矩阵"

公因子方差

	初始	提取
X1	1.000	1.000
X2	1.000	1.000
X3	1.000	1.000
X4	1.000	1.000
X6	1.000	1.000
X7	1.000	1.000
zx5	1.000	1.000

提取方法：主成份分析。

图 4-19　输出的"公因子方差"

解释的总方差

成份	初始特征值			提取平方和载入		
	合计	方差的 %	累积 %	合计	方差的 %	累积 %
1	4.659	66.563	66.563	4.659	66.563	66.563
2	1.315	18.784	85.348	1.315	18.784	85.348
3	.560	8.004	93.351	.560	8.004	93.351
4	.360	5.146	98.497	.360	5.146	98.497
5	.090	1.290	99.787	.090	1.290	99.787
6	.013	.179	99.966	.013	.179	99.966
7	.002	.034	100.000	.002	.034	100.000

提取方法：主成份分析。

图 4-20　输出的"解释的总方差"

图 4-21 为碎石图，实际上是按照特征根大小排列的主成分散点图。如图所示，

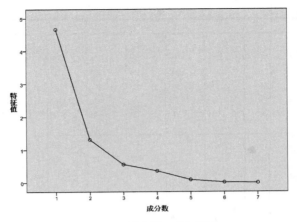

图 4-21 输出的"碎石图"

第一个主成分与第二个主成分的特征根都大于 1，从第三个主成分开始特征根比较低，特征根小于 1，可以认为前两个主成分能概括绝大多数原始信息。

图 4-22 给出了因子载荷矩阵。从因子载荷矩阵可以看出，标准化的原始变量可以用求得的主成分来线性表示，其近似表达式可根据其写出。以 X_1 为例，由于本实验只提取了两个主成分，可以用 prin1、prin2 来表示这两个主成分，得到如下的表达式：

$$X_1{}^* = 0.886\, prin1 - 0.219\, prin2$$

其中，$X_1{}^*$ 表示标准化后的 X_1。

成份矩阵[a]

	成份						
	1	2	3	4	5	6	7
X1	.886	-.219	-.264	.245	-.192	.034	.004
X2	.985	.026	-.005	-.121	-.074	-.092	-.006
X3	.939	-.292	.118	.053	.121	-.003	.036
X4	.904	-.343	.132	.174	.129	.014	-.031
X6	.864	.145	.228	-.418	-.054	.051	-.003
X7	.591	.601	-.523	-.056	.115	.010	-.001
zx5	.329	.826	.367	.274	-.026	.001	.002

提取方法：主成份。

a. 已提取了 7 个成份。

图 4-22 输出的"成份矩阵"

此外，运用该系数矩阵还可以得出用各原始变量写出的因子表达式，方法为用此表中的第 i 列向量除以第 i 个特征根的算术平方根后，得出第 i 个主成分的变量系数向量，具体表达式如下：

$$prin1 = 0.410 \times X_1 + 0.456 \times X_2 + 0.435 \times X_3 + 0.419 \times X_4 + 0.152 \times ZX_5$$
$$+ 0.4 \times X_6 + 0.274 \times X_7$$

$$prin2 = -0.193 \times X_1 + 0.0023 \times X_2 - 0.256 \times X_3 - 0.298 \times X_4 + 0.72 \times ZX_5$$
$$+ 0.127 \times X_6 + 0.524 \times X_7$$

从上式可以看出，第一个主成分是由 X_1、X_2、X_3、X_4、X_6 确定的，因为它们在式中的系数远远大于其他变量的系数，故可以认为第一个主成分是说明企业盈利能力的；第二个主成分主要是由 X_2 和 ZX_5 确定的，所以可以认为是反映企业资金和人力的利用水平。因为这两个主成分累积方差贡献高达85%，所以用它们来考核企业经济效益具有85%的可靠性。

上述分析并不能明显看出这15个企业在综合经济效益上的差别以及在经营过程中的优势与不足，故需要计算各企业在第一个、第二个主成分以及综合经济效益方面的得分，以此作为评价的依据。步骤如下：

第一步：将原始变量标准化和一致化处理。由于前面已经将逆指标流动资金周转天数 X_5 正向化处理，以保证分析数据的一致可比性。

标准化过程如下：打开数据文件选择【分析】→【描述统计】→【描述】，打开描述统计主对话框，将七个变量输入【变量】对话框中，然后选中【将标准化得分另存为变量】选项，如图4-23所示，点击【确定】按钮，便可生成标准化数据文件。

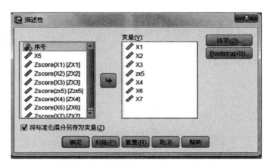

图4-23 "描述性"的对话框

第二步：点击【转换】→【计算变量】，打开计算变量主对话框，在【目标变量】中输入Z1，在【数字表达式】栏中输入：

$0.410 \times zx1 + 0.456 \times zx2 + 0.435 \times zx3 + 0.419 \times zx4 + 0.152 \times zzx5 + 0.4 \times xz6 + 0.274 \times zx7$

第三步：重复第二步，在【目标变量】中输入Z2，在【数字表达式】栏中输入：

$-0.193 \times zx1 + 0.0023 \times zx2 - 0.256 \times zx3 - 0.298 \times zx4 + 0.72 \times zzx5 + 0.17 \times xz6 + 0.524 \times zx7$

第四步：重新进入【计算变量】对话框，在【目标变量】对话框中输入Z3，在【数学表达式】栏中输入表达式如下：

$$(0.66563 \times Z1 + 0.18784 \times Z2) / 0.85347$$

点击【确定】按钮即可。

第五步：分别按Z1、Z2、Z3进行排序，整理后的结果如表4-3所示。

表4-3 主成分得分及排序

名称	盈利能力方面		资金和人力应用方面		综合经济效益	
	Z1	名次	Z2	名次	Z3	名次
A	-0.75	8	0.13	8	-0.56	8
B	0.55	6	1.32	1	0.72	5
C	-1.39	14	0.15	7	-1.05	12

名称	盈利能力方面		资金和人力应用方面		综合经济效益	
	Z1	名次	Z2	名次	Z3	名次
D	-4.06	15	0.84	2	-2.98	15
E	3.90	1	-0.94	14	2.83	2
F	3.63	2	0.53	3	2.95	1
G	1.77	4	0.21	6	1.42	3
H	-1.45	12	0.23	5	-1.08	13
I	0.00	7	0.05	9	0.01	7
J	0.59	5	-0.10	10	0.44	6
K	-0.82	9	-0.32	11	-0.71	9
L	-0.91	10	-0.35	12	-0.78	10
M	-0.92	11	-0.45	13	-0.82	11
N	1.80	3	-1.51	15	1.07	4
O	-1.91	13	0.38	4	-1.40	14

虽然通过在主成分上的得分可以对各公司综合经济效益进行一些比较分析，但却不是最合理和最全面的分析，而在因子分析中可以得到更合理更全面的分析结果。

4.5 实验练习

（1）为综合评价我国2006年省级地区服务业发展水平，现构建我国省级地区服务业发展水平综合评价指标体系。具体如下：铁路运输业职工人数（人）、城市公共交通业职工人数（人）、邮政业职工人数（人）、电信和其他信息传输服务业职工人数（人）、客运量（万人）、接待入境旅游人数（万人次）、普通高校师生比（%）、星级住宿业营业额（亿元），如表4-4所示。请利用主成分分析法提取主成分，并对我国31个省级地区服务业发展水平进行综合排名。

表4-4 2006年我国省级地区服务业发展水平综合评价指标相关数据

地区	铁路运输业职工人数（人）	城市公共交通业职工人数（人）	邮政业职工人数（人）	电信和其他信息传输服务业职工人数（人）	客运量（万人）	接待入境旅游人数（万人次）	普通高校师生比（%）	星级住宿业营业额（亿元）
北京	87695	175786	28780	57792	8751	390.29	15.81	190.9
天津	16257	15663	4637	14158	5443	88.05	16.59	22.5
河北	75136	21819	23226	49078	83955	72.48	18.16	30.8

地　区	铁路运输业职工人数（人）	城市公共交通业职工人数（人）	邮政业职工人数（人）	电信和其他信息传输服务业职工人数（人）	客运量（万人）	接待入境旅游人数（万人次）	普通高校师生比（%）	星级住宿业营业额（亿元）
山西	107516	16601	19061	32639	42240	57.37	17.77	26.0
内蒙古	81222	10919	12107	30309	35307	123.24	15.54	17.4
辽宁	111074	41256	18891	36133	63942	161.29	17.48	53.1
吉林	71198	15570	14207	26692	28903	43.48	16.86	17.3
黑龙江	120681	12677	20762	38268	60200	106.37	17.96	14.4
上海	25701	103478	14101	21430	8505	464.63	17.46	145.7
江苏	59902	39137	23320	50086	161297	445.19	18.54	104.9
浙江	23989	35009	20080	41466	175090	426.82	18.67	154.5
安徽	31225	26078	13794	27293	78938	80.37	18.47	24.9
福建	28701	19630	16159	33712	58883	229.67	17.33	50.5
江西	57727	12683	16785	24877	42996	49.72	18.91	17.4
山东	69993	43983	19092	44768	109471	193.13	17.07	84.1
河南	101546	36253	24254	41819	107915	75.74	18.40	45.8
湖北	70165	35820	16366	51588	73930	105.57	17.79	35.1
湖南	72584	24540	18312	32765	118466	97.08	18.66	44.6
广东	53057	87894	36131	94211	186996	2089.71	18.15	236.3
广西	45537	16018	11917	27365	55705	170.77	17.19	30.3
海南	3560	2172	3039	6929	31571	61.69	19.07	32.1
重庆	21249	22175	10596	22286	61128	60.32	18.20	23.1
四川	47224	31774	19962	44004	194712	140.17	18.21	40.7
贵州	29076	9626	2432	12101	69270	32.14	18.39	10.6
云南	39792	11122	11021	24846	43387	181.00	17.60	29.6
西藏	145	226	2161	2904	483	15.48	14.11	2.4
陕西	92679	10431	18084	22524	43331	106.10	15.84	27.1
甘肃	45759	21160	6594	15091	19083	30.32	18.01	8.8
青海	13775	4566	1922	6664	5243	4.21	14.13	3.1
宁夏	12009	2348	3102	4452	7548	0.86	17.27	4.1
新疆	35886	13213	11959	17608	25504	36.25	16.69	24.3

资料来源：《中国统计年鉴 2007》，中国统计出版社。

（2）表 4-5 为 2006 年我国各省份社会发展的综合状况指标，请利用主成分分析法对其进行主成分提取。

表 4-5　2006 年我国各省份社会发展的综合状况指标

地　区	旅行社个数（个）	旅行社职工人数（人）	固定资产原值（万元）	营业收入（万元）	税金（万元）	全员劳动生产率（万元/人）
北京	554	15999	809657.64	1007021.98	30814.53	90.88
天津	231	5270	18578.29	37853.16	107.89	30.21
河北	630	7658	8809.38	20163.56	78.94	11.41
山西	406	6701	13722.69	23122.76	141.84	13.41
内蒙古	205	2625	13281.87	11345.13	207.03	9.73
辽宁	803	8763	29451.69	70690.14	1013.58	23.99
吉林	239	3211	14378.59	19221.54	107.16	13.17
黑龙江	366	4839	24400.68	55101.23	876.56	23.10
上海	588	17285	168042072	291093.04	2179.29	49.79
江苏	996	15702	82691.70	281242.52	768.50	52.38
浙江	855	14556	69885.97	175077.37	705.71	41.87
安徽	480	6404	19341.59	25369.54	109.22	16.39
福建	470	9598	159396.79	143126.48	1268.80	35.92
江西	399	4970	7799.83	19023.81	45.24	19.06
山东	1172	14516	61033.62	70267.98	1308.35	26.18
河南	626	8727	39290.47	38923.17	262.39	16.42
湖北	460	9904	93899.01	52780.66	521.67	10.35
湖南	639	9213	13423.54	56138.18	172.37	17.38
广东	680	27796	488113.12	870486.02	7954.94	48.65
广西	340	8635	48738.94	90911.65	1125.71	23.36
海南	157	3923	61985.75	196520.17	721.45	104.75
重庆	203	4252	81732.46	68209.75	788.00	41.89
四川	498	9765	75415.36	105570.40	452.18	27.56
贵州	142	2532	6928.33	19187.79	53.74	22.28
云南	422	10872	48744.00	125751.48	812.05	31.07
西藏	45	815	17438.40	20998.77	190.73	33.28
陕西	307	6286	39369.13	52455.27	642.57	17.51
甘肃	218	3305	21308.30	14003.78	73.25	9.19
青海	101	1216	4285.34	3922.95	16.82	9.52
宁夏	63	771	1649.51	5360.32	14.51	18.23
新疆	266	3693	21653.05	35991.86	484.59	20.29

资料来源：《中国统计年鉴 2007》，中国统计出版社。

（3）城市用水普及率 X_1（%）、城市燃气普及率 X_2（%）、每万人拥有公共交通车辆 X_3（标台）、人均城市道路面积 X_4（平方米）、人均公园绿地面积 X_5（平方米）、每万人拥有公共厕所 X_6（座）六个指标是衡量城市设施水平的主要指标，表 4-6 是 2010 年各地区六个指标的数值，试用主成分分析法对各地区城市设施水平进行综合评价和排序。

表 4-6　2010 年全国各省份城市设施水平指标数据

地区	X_1	X_2	X_3	X_4	X_5	X_6
北京	100.00	100.00	14.24	5.57	11.28	3.54
河北	100.00	100.00	12.05	14.89	8.56	2.01
天津	99.97	99.07	9.53	17.35	14.23	4.22
山西	97.26	89.94	6.83	10.66	9.36	3.32
内蒙古	87.97	79.26	6.89	14.89	12.36	4.73
辽宁	97.44	94.19	9.35	11.19	10.21	2.99
吉林	89.60	85.64	9.75	12.39	10.27	4.53
黑龙江	88.43	84.67	10.00	10.00	11.27	6.56
上海	100.00	100.00	8.82	4.04	6.97	2.62
江苏	99.56	99.12	10.91	21.26	13.29	3.75
浙江	99.79	99.07	11.87	16.70	11.05	4.01
安徽	96.06	90.52	7.73	16.01	10.95	2.55
福建	99.50	98.92	10.32	12.58	10.99	2.64
江西	97.43	92.36	7.61	13.77	13.04	2.17
山东	99.57	99.30	10.18	22.23	15.84	2.05
河南	91.03	73.43	7.58	10.25	8.65	3.32
湖北	97.59	91.75	9.47	14.08	9.62	2.91
湖南	95.17	86.50	10.01	12.95	8.89	2.35
广东	98.37	95.75	9.53	12.69	13.29	2.06
广西	94.65	92.35	8.07	14.31	9.83	1.76
海南	89.43	82.44	8.61	13.81	11.22	1.73
重庆	94.05	92.02	7.23	9.37	13.24	1.55
四川	90.80	84.39	9.65	11.84	10.19	2.93
贵州	94.10	69.72	8.46	6.65	7.33	2.21
云南	96.50	76.40	9.74	10.90	9.30	2.26
西藏	97.42	79.83	20.91	13.25	5.78	4.16
陕西	99.39	90.39	12.64	13.38	10.67	3.13
甘肃	91.57	74.29	8.10	12.20	8.12	2.17
青海	99.87	90.79	18.30	11.42	8.53	4.65
宁夏	98.23	88.01	10.63	17.35	16.18	4.18
新疆	99.17	95.80	11.66	13.19	8.61	3.23

资料来源：2011 年《中国统计年鉴》。

第 5 章　因子分析

5.1　实验目的

实验旨在使学生理解掌握 SPSS 软件包中因子分析的基本原理以及因子分析过程的相关操作，具体包括以下几个方面：

（1）掌握因子分析的基本原理与基本操作。

（2）了解因子分析与主成分分析的区别与联系。

（3）能熟练运用因子分析方法对经济管理问题进行分析与评价。

5.2　实验原理

5.2.1　因子分析的基本思想

因子分析（Factor Analysis）模型是主成分分析的推广。它也是利用降维的思想，由研究原始变量相关矩阵内部的依赖关系出发，把一些错综复杂关系的变量归结为少数几个综合因子的一种多变量统计分析方法。相对于主成分分析，因子分析更倾向于描述原始变量之间的相关关系。因此，因子分析的出发点是原始变量的相关矩阵。

因子分析的思想始于 1904 年查尔斯·斯皮尔曼（Charles Spearman）对学生考试成绩的研究。因子分析的基本思想是根据相关性大小把变量（或样品）分组，使同组内的变量之间相关性较高，但不同组的变量相关性较低。每组变量代表一个基本结构，并用一个不可观测的综合变量表示，这个基本结构就称为公共因子。对于所研究的某一具体问题，原始变量就可以分解成两部分之和的形式，一部分是少数几个不可测的所谓公共因子的线性函数，另一部分是与公共因子无关的特殊因子。

因子分析分为 R 型因子分析（对变量作因子分析）和 Q 型因子分析（对指标作因子分析）。

5.2.2　数学模型（正交因子模型）

R 型因子分析的数学模型：

$$\text{设}\begin{cases} X_1 = a_{11}F_1 + a_{12}F_2 + \cdots + a_{1m}F_m + \varepsilon_1 \\ X_2 = a_{21}F_1 + a_{22}F_2 + \cdots + a_{2m}F_m + \varepsilon_2 \\ \qquad\qquad\cdots\cdots \\ X_p = a_{p1}F_1 + a_{p2}F_2 + \cdots + a_{pm}F_m + \varepsilon_p \end{cases}$$

用矩阵表示为：$X = AF + \varepsilon$。

其中：

$X = (X_1, X_2, \cdots, X_p)'$，$F = (F_1, F_2, \cdots, F_p)'$，$\varepsilon = (\varepsilon_1, \varepsilon_2, \cdots, \varepsilon_p)'$

$$A = \begin{pmatrix} a_{11} & a_{12} & \cdots & a_{1m} \\ a_{21} & a_{22} & \cdots & a_{2m} \\ \vdots & \vdots & \vdots & \vdots \\ a_{p1} & a_{p2} & \cdots & a_{pm} \end{pmatrix}$$

且满足：

① $m \leqslant p$；

② $Cov(F, \varepsilon) = 0$，即 F 和 ε 是不相关的；

③ $Var(F) = \begin{bmatrix} 1 & 0 & \cdots & 0 \\ 0 & 1 & \cdots & 0 \\ \vdots & \vdots & \ddots & \vdots \\ 0 & 0 & \cdots & 1 \end{bmatrix} = I_m$，即 F_1，F_2，$\cdots$，F_m 不相关且方差都是 1；

$$Var(\varepsilon) = \begin{bmatrix} \sigma_1^2 & & & 0 \\ & \sigma_2^2 & & \\ & & \ddots & \\ 0 & & & \sigma_p^2 \end{bmatrix}，即 \varepsilon_1，\varepsilon_2，\cdots，\varepsilon_m 不相关且方差不同。$$

其中，$X = (X_1, X_2, \cdots, X_p)'$ 是可实测的 p 个指标所构成的 p 维随机向量，$F = (F_1, F_2, \cdots, F_m)'$ 是不可观测的向量，称 F 是 X 的公共因子或潜因子，即前面所说的综合变量，可以把它们理解为在高维空间中的相互垂直的 m 个坐标；a_{ij} 称为因子载荷，是第 i 个变量在第 j 个公共因子上的负荷。如果把变量 X_i 看成 m 维因子空间中的一个向量，则 a_{ij} 表示 X_i 在坐标轴 F_j 上的投影。矩阵 A 称为因子载荷矩阵；ε 称为 X 的特殊因子。通常理论上要求 ε 的协差阵是对角阵，ε 中包含了随机误差。

由上述模型满足的条件可知：F_1，F_2，$\cdots$，F_m 是不相关。若 F_1，F_2，$\cdots$，F_m 相关时，则 $Var(F)$ 不是对角矩阵，这时的模型称为斜交因子模型。

5.2.3　因子模型中公共因子、因子载荷及其估计和变量共同度的统计意义

在因子模型中，假定各个变量以及公共因子、特殊因子都已经是标准化的变量（均值为 0，方差为 1）。

5.2.3.1　因子载荷的意义

已知模型：$X_i = a_{i1}F_1 + a_{i2}F_2 + \cdots + a_{im}F_m + \varepsilon_i$

两端右乘 F_j 得：$X_i F_j = a_{i1} F_1 F_j + a_{i2} F_2 F_j + \cdots + a_{im} F_m F_j + \varepsilon_i F_j$

于是，$E(X_i F_j) = a_{i1} E(F_1 F_j) + a_{i2} E(F_2 F_j) + \cdots + a_{im} E(F_m F_j) + E(\varepsilon_i F_j)$

由于标准化下有：$E(F_j) = 0$，$E(\varepsilon) = 0$，$E(\varepsilon_i) = 0$，$E(X_i) = 0$，$Var(X_i) = 1$

因此：$E(X_i F_j) = r_{X_i F_j}$，$E(F_i F_j) = r_{F_i F_j}$，$E(\varepsilon_i F_j) = r_{\varepsilon_i F_j}$

所以上式可写成：

$$r_{X_i F_j} = a_{i1} r_{F_1 F_j} + a_{i2} r_{F_2 F_j} + \cdots + a_{im} r_{F_m F_j} + r_{\varepsilon_i F_j} = a_{ij}$$

因为各个因子不相关，所以相关系数为0。因子载荷阵 A 中，a_{ij} 的统计意义就是第 i 个变量与第 j 个公共因子的相关系数，即表示为 X_i 依赖于 F_j 的分量（比重）。因此用统计学的术语应该叫作权，但由于历史原因，心理学家将它叫作载荷，即表示第 i 个变量在第 j 个公共因子上的负荷，它反映了第 i 个变量在第 j 个公共因子上的相对重要性。

5.2.3.2　变量共同度的统计意义

所谓变量 X_i 的共同度定义为因子载荷阵 A 中第 i 行元素的平方和，即：

$$h_i^2 = \sum_{j=1}^{m} a_{ij}^2$$

为了说明它的统计意义，将下式两边求方差，即：

$$X_i = a_{i1} F_1 + a_{i2} F_2 + \cdots + a_{im} F_m + \varepsilon_i$$

$$Var(X_i) = a_{i1}^2 Var(F_1) + a_{i2}^2 Var(F_2) + \cdots + a_{im}^2 Var(F_m) + Var(\varepsilon_i) =$$

$$a_{i1}^2 + a_{i2}^2 + \cdots + a_{im}^2 + \sigma_i^2 = h_i^2 + \sigma_i^2$$

由于 X_i 已标准化了，所以有 $1 = h_i^2 + \sigma_i^2$。此式说明变量 X_i 的方差由两部分组成：第一部分为共同度 h_i^2，它表明变量的全部原始信息几乎都被所选取的公共因子说明了，如 $h_i^2 = 0.97$，说明有97%的信息被 m 个公共因子说明了，也就是说由原始变量空间转为因子空间后，保留原来的信息量越多，其转化后的性质越好。因此，h_i^2 是 X_i 的方差重要组成部分。当 $h_i^2 \approx 0$ 时，说明公共因子对 X_i 的影响很小，主要由特殊因子 ε_i 来描述。第二部分 σ_i^2 是特定变量所产生的方差，称为特殊因子方差，仅与变量 X_i 本身的变化有关，它是使 X_i 的方差为1的补充值。

5.2.3.3　公因子 F_j 的方差贡献的统计意义

将因子载荷矩阵中各列元素的平方和记为：

$$S_j = \sum_{i=1}^{p} a_{ij}^2，j = 1，\cdots，p$$

称 S_j 为公共因子 F_j 对诸变量所提供的方差贡献之总和，它是衡量公共因子相关性的重要指标。

5.2.4　因子载荷阵的估计方法

要建立某实际问题的因子模型，关键是要根据样本数据矩阵估计因子载荷阵 A。对 A 的估计方法有很多，这里仅介绍使用比较普遍的主成分分析法。

设随机向量 $X = (X_1, X_2, \cdots, X_p)'$ 的协差阵为 Σ，$\lambda_1 \geqslant \lambda_2 \geqslant \cdots \geqslant \lambda_p$ 为 Σ 的特征根，$e_1, \cdots, e_p$ 为对应的标准正交化特征向量，则 Σ 可分解为：

$$\Sigma = U \begin{bmatrix} \lambda_1 & \cdots & 0 \\ \vdots & \ddots & \vdots \\ 0 & \cdots & \lambda_p \end{bmatrix} U' = \sum_{i=1}^{p} \lambda_i e_i e'_i = (\sqrt{\lambda_1} e_1, \cdots, \sqrt{\lambda_p} e_p) \begin{pmatrix} \sqrt{\lambda_1} e'_1 \\ \vdots \\ \sqrt{\lambda_p} e_p' \end{pmatrix}$$

上式的分解式恰好是公共因子与变量个数一样多且特殊因子方差为 0 时，因子模型中协差阵的结构。

此时，因子模型为：

$$X = AF, \quad \text{其中 } \mathrm{Var}(F) = I_m$$

所以 $\mathrm{Var}(X) = \mathrm{Var}(AF) = A\mathrm{Var}(F) A' = AA'$。

对照 Σ 的分解式，因子载荷阵 A 的第 j 列应该是 $\sqrt{\lambda_i} e_i$，也就是说除常数 $\sqrt{\lambda_i}$，第 j 列因子载荷阵恰是第 j 个主成分的系数 e_i，故称为主成分法。上边给出的 Σ 表达式是精确的，但在实际应用时总是希望公共因子个数小于变量的个数及 $m < p$，当最后 $p - m$ 个特征根较小时，通常是略去最后 $p - m$ 项 $\lambda_{m+1} e_{m+1} e'_{m+1} + \cdots + \lambda_p e_p e'_p$ 对 Σ 的贡献，于是得到：

$$\Sigma = AA' + \Sigma_\varepsilon = (\sqrt{\lambda_1} e_1, \cdots, \sqrt{\lambda_m} e_m) \begin{pmatrix} \sqrt{\lambda_1} e'_1 \\ \vdots \\ \sqrt{\lambda_m} e_m' \end{pmatrix} + \begin{pmatrix} \sigma_{11}^2 & \cdots & 0 \\ \vdots & \ddots & \vdots \\ 0 & \cdots & \sigma_{pp}^2 \end{pmatrix}$$

当 Σ 未知，可用样本协差阵 S 去代替，要经过标准化处理，则 S 与相关阵 R 相同，仍然可作上面类似的表示。一般设 $\hat{\lambda}_1 \geqslant \hat{\lambda}_2 \geqslant \cdots \geqslant \hat{\lambda}_p$ 为样本相关阵 R 的特征根，相应的标准正交化特征向量为 $\hat{e}_1, \hat{e}_2, \cdots, \hat{e}_p$，设 $m < p$，则因子载荷阵的估计 $\hat{A} = (\hat{a}_{ij})$，即：

$$\hat{A} = (\sqrt{\hat{\lambda}_1} \hat{e}_1, \cdots, \sqrt{\hat{\lambda}_m} \hat{e}_m)$$

5.2.5 因子旋转

建立因子分析数学模型的目的不仅要找出公共因子以及对变量进行分组，更重要的是要知道每个公共因子的意义，以便对实际问题做出科学的分析。如果每个公共因子的含义不清，不便于进行实际背景的解释，这时根据因子载荷阵的不唯一性，可对因子载荷阵实行旋转，即对初始公共因子进行线性组合，以期找到实际意义更为明显的公共因子。也就是说用一个正交矩阵右乘 A（由线性代数知识可知一个正交矩变换对应坐标系的一次旋转）使旋转后的因子载荷阵结构简化，便于对公共因子进行解释。经旋转后，公共因子对 X_i 的贡献率 h_i^2 并不改变，但由于载荷矩阵发生了变化，公共因子本身就可能发生很大的变化，每个公共因子对原始变量的贡献 g_j^2 不再与原来相同，而是经过适当的旋转可以得到比较令人满意的公共因子。所谓结构简化就是使每个变量仅在一个公共因子上有较大的载荷，而在其余公共因子上的载荷比较小，至多是中等大小。这种变换因子载荷阵的方法称为因子轴的旋转，而旋转的方法有很多种，如正交旋转、斜交旋转等。

5.2.6　因子得分

因子模型建立起来之后，就可以反过来考察每个样品的性质和样品之间的相互关系。通过求出每个样品在各个公共因子上的取值，就能根据因子取值将样品分类，研究各个样品间的差异等。将样品在公共因子上的取值称为因子得分。

因子分析的数学模型是将变量（或样品）表示为公共因子的线性组合：

$$X_i = a_{i1} F_1 + \cdots + a_{im} F_m + \varepsilon_i, \ i = 1, \cdots, p$$

由于公共因子能反映原始变量的相关关系，用公共因子代表原始变量时，有时更有利于描述研究对象的特征，因而往往需要反过来将公共因子表示为变量（或样品）的线性组合，即：$Y_i = \beta_{i1} X_1 + \cdots + \beta_{ip} X_p$，$i = 1, \cdots, m$ 称为因子得分函数。用它来计算每个样品的公共因子得分。比如 $m = 2$，则将每个样品的 p 个变量值带入该式即可算出每个样品的因子得分 Y_1 和 Y_2，这样就可以在二维平面作出因子得分的散点图，进而对样品进行分类，也可作为下一步分析原始数据的基础，对问题做更加深入的研究。

由于因子得分函数中方程的个数 m 小于变量的个数 p，因此不能精确计算出因子得分，只能对因子得分进行估计。估计因子得分有很多方法，如加权最小二乘法、回归法等。在这里我们不作详细介绍。需要注意的是，所取的公共因子个数不同，因子得分就不同。

5.3　实验步骤

第一步：根据研究问题选取原始变量。

第二步：对原始变量进行标准化并求其相关阵，分析变量之间的相关性。

第三步：求解初始公共因子及因子载荷矩阵。

第四步：因子旋转。

第五步：因子得分。

第六步：根据因子得分进行进一步分析。

因子分析应注意的事项：（1）样本容量不能太小，一般是分析变量的若干倍。（2）变量间应具有相关性（Bartlett 球形检验）。P 值越接近 0，说明变量间的相关性越强。（3）变量间应具有偏相关性（KMO 检验）。KMO 统计量的取值在 0~1，KMO 统计量的值越接近于 1，变量的偏相关性越强，因子分析的效果越好。在实际分析中，KMO 统计量的值在 0.7 以上时，分析效果较好；KMO 统计量的值小于 0.5 时，不适合用因子分析法。（4）因子应具有实际意义。

5.4　实验操作与结果分析

对全国重点水泥企业经济效益指标体系的八项指标建立因子分析模型，数据如表 5-1

所示，然后进行综合评价，用【因子分析】模块进行分析。

表 5-1　全国重点水泥企业经济效益相关指标数据

厂家编号及指标		固定资产利税率	资金利税率	销售收入利税率	资金利润率	固定资产产值率	流动资金周转天数	万元产值能耗	全员劳动生产率
1	琉璃河	16.68	26.75	31.84	18.4	53.25	55	28.83	1
2	邯郸	19.7	27.56	32.94	19.2	59.82	55	32.92	2
3	大同	15.2	23.4	32.98	16.24	46.78	65	41.69	3
4	哈尔滨	7.29	8.97	21.3	4.76	34.39	62	39.28	4
5	华新	29.45	56.49	40.74	43.68	75.32	69	26.68	5
6	湘乡	32.93	42.78	47.98	33.87	66.46	50	32.87	6
7	柳州	25.39	37.82	36.76	27.56	68.18	63	35.79	7
8	峨嵋	15.05	19.49	27.21	14.21	6.13	76	35.76	8
9	耀县	19.82	28.78	33.41	20.17	59.25	71	39.13	9
10	永登	21.13	35.2	39.16	26.52	52.47	62	35.08	10
11	工源	16.75	28.72	29.62	19.23	55.76	58	30.08	11
12	抚顺	15.83	28.03	26.4	17.43	61.19	61	32.75	12
13	大连	16.53	29.73	32.49	20.63	50.41	69	37.57	13
14	江南	22.24	54.59	31.05	37	67.95	63	32.33	14
15	江油	12.92	20.82	25.12	12.54	51.07	66	39.18	15

资料来源：1984 年《中国统计年鉴》。

5.4.1　操作过程

新建数据文件集，依次点选【分析】→【降维】→【因子分析】，进入因子分析（Factor Analysis）对话框，选取上述八个变量进入 Variables 窗口。在 SPSS 软件中，主成分分析与因子分析均在【因子分析（Factor Analysis）】模块中完成。很多软件的操作过程和主成分分析的过程是相同的。

（1）点击【描述】按钮，在弹出的对话框中，系统默认统计量选择【原始分析结果】，也可以选择【单变量描述性】（见图 5-1）。在【相关矩阵】栏中，选择输出【系数】和【KMO 和 Bartletett 的球形度检验】。【KMO 和 Bartletett 的球形度检验】输出的是对采样充足度的 Kaiser-Meyer-Olkin 测度。KMO 统计量是用于探查变量间的偏相关性，它比较的是各变量间的简单相关和偏相关的大小，取值范围在 0~1。如果各变量间存在内在联系，则由于计算偏相关时控制其他因素就会同时控制潜在变量，导致偏相关系数远远小于简单相关系数，此时 KMO 统计量最接近 1，做因子分析的效果好。一般认为 KMO 大于0.7 效果最好，0.5 以上时效果尚可，0.5 以下不适宜作因子分析。

（2）点击【抽取】按钮，在【方法】栏默认的提取主成分的方法是【主成分法】。还可以根据研究问题的需要选择未加权的最小平方法、综合最小平方法、最大似然、主轴因子分解、α 因子分解和映象因子分解等（见图 5-2）。

图 5-1　"因子分析：描述统计"的对话框　　图 5-2　"因子分析：抽取"的对话框

在【分析】栏中选择【相关矩阵】进行主成分分析。在【抽取】栏中，系统默认提取公因子的条件是特征值大于 1，即【特征值大于】后边方框中默认是 1，也可以自己填写选择特征值的条件；或者选择【因子的固定数量】选项，指定提取公因子的数目。在【输出】栏中输出的是【未旋转的因子解】，也可以选择【碎石图】。在【最大收敛性迭代次数】中输入指定值，系统默认是 25。

（3）点击【旋转】按钮，在【方法】框架方法有：【最大方差法】是指按照方差最大正交法进行因子旋转，【直接 Oblimin 方法】【最大四次方值法】【最大平衡值法】及【Promax】。如果选择【最大方差法】选项，此时【输出】框架中【旋转解】选项处于活动状态，选中选项可以输出旋转结果；同时还可以输出【载荷图】。关于【最大收敛迭代次数】，系统默认的迭代次数是 25（见图 5-3）。

（4）点击【得分】按钮，进入【因子得分】对话框，选中【保存为变量】，要求输出估计的因子得分值，并把原始数据各样本点的因子得分值存为变量。可以看到系统默认的是用【回归】方法求因子得分系数，还可以选择【Bartlett】和【Anderson-Rubin】。在选择【显示因子得分系数矩阵】时，输出因子得分系数矩阵（见图 5-4）。

图 5-3　"因子分析：旋转"对话框　图 5-4　"因子分析：因子得分"对话框

（5）点击【继续】→【确定】按钮，进行运行，除了输出和主成分分析类似的结果，还会得到如图 5-5 的输出结果。

单击【确定】按钮，输出结果。

5.4.2　输出结果

（1）图 5-5 给出的是 KMO 和 Bartlett 球形检验用于因子分析的适用性检验。KMO 检

KMO 和 Bartlett 的检验

取样足够度的 Kaiser-Meyer-Olkin 度量。		.617
Bartlett 的球形度检验	近似卡方	125.303
	df	28
	Sig.	.000

图 5-5 "KMO 和 Bartlett 检验"输出结果

验变量间的偏相关是否较小，Bartlett 球形检验判断相关矩阵是否是单位矩阵。由 Bartlett 球形检验可以看出，应拒绝各个变量独立的假设，即变量间具有较强的相关性。但是 KMO 统计量为 0.617，说明各变量间信息的重叠程度不是特别高，有可能做出的因子分析结果不是很完善，但还是值得尝试的。

（2）图 5-6 给出的是各因子的变量共同度，即各变量中原始信息能被提取出的公因子所表示的程度。从图 5-6 中可以看出：几乎所有变量共同度都在 60% 以上，因此提取出的这几个公因子对变量的解释能力是较强的。

公因子方差

	初始	提取
固定资产利税率（x1）	1.000	.891
资金利税率（x2）	1.000	.955
销售收入利税率（x3）	1.000	.733
资金利润率（x4）	1.000	.964
固定资产产值率（x5）	1.000	.631
流动资金周转天数（x6）	1.000	.670
全员劳动生产率（x7）	1.000	.481
万元产值能耗（x8）	1.000	.693

提取方法：主成份分析。

图 5-6 输出的"公因子方差"

（3）图 5-7 给出的是方差分析表，图 5-8 给出的是碎石图。均用于选择公因子的个数。图 5-7 说明累计方差贡献率达到 85% 以上的公因子有三个，但特征根大于 1 的只有两个公因子。因此，具体确定公因子的个数应该根据实际问题来考虑。碎石图也说明特征值大于 1 的有两个，但在三个以后的特征值相对比较平缓，故需要考虑选择公因子的个数。

（4）图 5-9 输出的是初始因子载荷矩阵，实际上，严格来讲因子载荷矩阵应该是各因子在各变量上的载荷，即是各因子对各变量的影响度。

解释的总方差

成份	初始特征值			提取平方和载入		
	合计	方差的 %	累积 %	合计	方差的 %	累积 %
1	4.589	57.363	57.363	4.589	57.363	57.363
2	1.429	17.862	75.225	1.429	17.862	75.225
3	.844	10.546	85.771			
4	.674	8.420	94.191			
5	.325	4.062	98.253			
6	.099	1.238	99.491			
7	.039	.491	99.983			
8	.001	.017	100.000			

提取方法：主成份分析。

图 5-7 输出的"解释的总方差"

通过这个因子载荷矩阵可以用原始变量写出因子表达式：

$$X_1 = 0.943Y_1 + 0.033Y_2 + \varepsilon_1$$

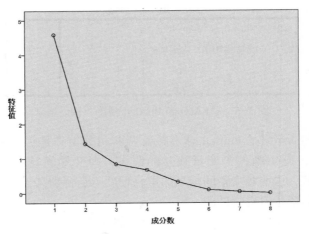

图 5-8　输出的"碎石图"

成份矩阵[a]

	成份	
	1	2
固定资产利税率（x1）	.943	.033
资金利税率（x2）	.927	.307
销售收入利税率（x3）	.849	-.113
资金利润率（x4）	.949	.251
固定资产产值率（x5）	.795	-.004
流动资金周转天数（x6）	-.371	.730
全员劳动生产率（x7）	-.666	.192
万元产值能耗（x8）	-.069	.829

提取方法：主成份。

a. 已提取了 2 个成份。

图 5-9　输出的"成份矩阵"

$$X_2 = 0.927Y_1 + 0.307Y_2 + \varepsilon_2$$
$$\vdots$$

在表达式中各变量已经不是原始变量，而是标准化变量。ε_i 表示特殊因子，是除了这两个公共因子外影响该变量的其他因素。原来用八个变量来表示企业经济效益情况，经因子分析后，提取出两个因子。但综合上述分析发现，第三特征根和第二特征根差别不大，并且在图 5-6 中可以看到，全员劳动生产率（x7）提取的信息只有 48.1%。于是，考虑是否需要提取三个公因子。然而三个公因子的方差累积贡献率达到 85.771%（见图5-7）。故综合考虑而言，需选择三个公因子。此时，需重新进行因子分析，但在提取公因子时可以选择特征值大于 0.8 或者公因子个数为三个。重新进行分析，得到如图 5-10 所示的分析结果。

（5）图 5-10 说明各变量的变量共同度，各变量提取的信息基本在 80% 以上。图 5-11

公因子方差

	初始	提取
固定资产利税率（x1）	1.000	.945
资金利税率（x2）	1.000	.955
销售收入利税率（x3）	1.000	.878
资金利润率（x4）	1.000	.974
固定资产产值率（x5）	1.000	.761
流动资金周转天数（x6）	1.000	.880
全员劳动生产率（x7）	1.000	.569
万元产值能耗（x8）	1.000	.900

提取方法：主成份分析。

图 5-10　输出的"公因子方差"

是总方差分析表。可以看出，前三个特征值较大，其余五个特征值较小。于是选择前三个公因子建立因子载荷矩阵，即输出结果如图 5-12 所示。

解释的总方差

成份	初始特征值			提取平方和载入			旋转平方和载入		
	合计	方差的 %	累积 %	合计	方差的 %	累积 %	合计	方差的 %	累积 %
1	4.589	57.363	57.363	4.589	57.363	57.363	4.022	50.272	50.272
2	1.429	17.862	75.225	1.429	17.862	75.225	1.620	20.251	70.523
3	.844	10.546	85.771	.844	10.546	85.771	1.220	15.248	85.771
4	.674	8.420	94.191						
5	.325	4.062	98.253						
6	.099	1.238	99.491						
7	.039	.491	99.983						
8	.001	.017	100.000						

提取方法：主成份分析。

图 5-11　输出的"解释的总方差"

（6）图 5-13 给出的是旋转后的因子载荷矩阵。由此可以得出企业经济效益指标体系的因子分析模型（特殊因子忽略不计）：

$$X_1 = 0.945F_1 - 0.189F_2 - 0.126F_3$$
$$X_2 = 0.922F_1 - 0.216F_2 + 0.242F_3$$
$$\vdots$$
$$X_8 = 0.001F_1 + 0.143F_2 + 0.938F_3$$

由因子分析模型可知，第一个公因子在固定资产利税率（x1）、资金利税率（x2）、销售收入利税率（x3）和资金利润率（x4）四个变量上有较大的载荷，这四个指标在主因子 F_1 上的载荷均在 85% 以上，它代表着企业经济活动的盈利能力，而且主因子 F_1 对 x_1 的方差贡献达到 57% 以上，说明其是企业经济效益指标体系中的主要方面。此外，固定资

成份矩阵^a

	成份		
	1	2	3
固定资产利税率（x1）	.943	.033	.232
资金利税率（x2）	.927	.307	-.014
销售收入利税率（x3）	.849	-.113	.380
资金利润率（x4）	.949	.251	.099
固定资产产值率（x5）	.795	-.004	-.360
流动资金周转天数（x6）	-.371	.730	.457
全员劳动生产率（x7）	-.666	.192	.298
万元产值能耗（x8）	-.069	.829	-.456

提取方法：主成份。

a．已提取了 3 个成份。

图 5-12　输出的"成份矩阵"

旋转成份矩阵^a

	成份		
	1	2	3
固定资产利税率（x1）	.945	-.189	-.126
资金利税率（x2）	.922	-.216	.242
销售收入利税率（x3）	.868	-.122	-.329
资金利润率（x4）	.963	-.171	.129
固定资产产值率（x5）	.614	-.587	.201
流动资金周转天数（x6）	-.013	.883	.316
全员劳动生产率（x7）	-.469	.591	-.016
万元产值能耗（x8）	.001	.143	.938

提取方法：主成份。

　旋转法：具有 Kaiser 标准化的正交旋转法。

a．旋转在 6 次迭代后收敛。

图 5-13　输出的"旋转后的成份矩阵"

产产值率对 F_1 的贡献相对也较大，这也是反映企业经济活动盈利能力的主要指标。

第二个主因子 F_2 主要由流动资金周转天数（x6）和全员劳动生产率（x7）决定，是代表企业经济效率的指标。经营效率主要反映企业的运营能力，企业改进管理方法，提高科学管理水平，也是提高经济效益的重要途径。

第三个主因子 F_3 主要反映了万元产值能耗（x8），产值能耗反映的是投入和产出的关系。企业要提高经济效益，就不能忽视降低成本函数。

（7）图 5-15 输出的是旋转后因子的散点图，从此图中可以形象的看出 F_1、F_2 和 F_3 与八个原始变量之间的关系。

成份转换矩阵

成份	1	2	3
1	.916	-.401	-.014
2	.250	.544	.801
3	.314	.737	-.599

提取方法 : 主成份。

旋转法 : 具有 Kaiser 标准化的正交旋转法。

图 5-14　输出的"成份旋转矩阵"

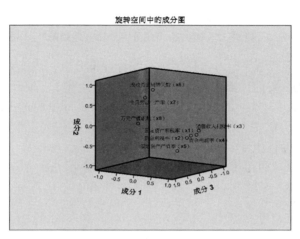

图 5-15　输出的"旋转空间中的成分图"

（8）图 5-16 输出的是因子得分系数矩阵，可以通过因子得分系数和原始变量的标准化计算各观测量的各因子得分数。如果在【保存】对话框中选择输出因子得分并保存为变量，那么在 SPSS 数据窗口中就会多三个变量：$fac1\_1$、$fac2\_1$ 和 $fac3\_1$，这三个变量的值代表各企业在相应因子上的得分。

成份得分系数矩阵

	成份		
	1	2	3
固定资产利税率（x1）	.281	.133	-.149
资金利税率（x2）	.234	.023	.180
销售收入利税率（x3）	.291	.215	-.335
资金利润率（x4）	.270	.099	.068
固定资产产值率（x5）	.024	-.386	.251
流动资金周转天数（x6）	.224	.710	.086
全员劳动生产率（x7）	.011	.391	-.102
万元产值能耗（x8）	-.038	-.076	.788

提取方法为主成份。

旋转法 : 具有 Kaiser 标准化的正交旋转法。

构成得分。

图 5-16　输出的"成份得分系数矩阵"

（9）图5-17输出的是因子得分协方差矩阵，从此图可以看出旋转后的F_1、F_2和F_3因子之间的相关系数为0，可以很明显地看出各个因子间互不相关，这说明提取的三个因子是合理的、科学的。

成份得分协方差矩阵

成份	1	2	3
1	1.000	.000	.000
2	.000	1.000	.000
3	.000	.000	1.000

提取方法：为主成份。

旋转法：具有 Kaiser 标准化的正交旋转法。

构成得分。

图5-17 输出的"成分得分协方差矩阵"

综上所述，根据所得结果，对该模型进行综合评价分析，步骤如下：

第一步：打开数据文件，点击【转换】→【计算变量】，打开【计算】对话框，在【目标变量】栏中输入 F（企业绩效综合得分）将数据文件中通过上述因子分析步骤产生的三个新变量即第一、第二、第三因子得分及第一、第二、第三因子的方差贡献率组成表达式，在【数字表达式】中输入如下表达式：

$$(4.589 * fac1\_1 + 1.429 * fac2\_1 + 0.844 * fac3\_1)/6.862$$

第二步：分别对各公司在 $fac1\_1$、$fac2\_1$、$fac3\_1$ 和 F 上的得分进行排序，排序结果如表5-2所示。

表5-2 各企业的因子得分

厂家编号		F_1		F_2		F_3		F	
		得分	名次	得分	名次	得分	名次	得分	名次
1	琉璃河	−0.54170	11	−1.34524	15	−1.20329	14	−0.79	14
2	邯郸	−0.31509	8	−1.03851	13	−1.13202	13	−0.57	13
3	大同	−0.33810	9	0.95609	3	−1.21011	15	−0.18	9
4	哈尔滨	−1.89641	15	0.01652	9	−0.71418	11	−1.35	15
5	华新	2.07922	1	0.16067	7	−0.07806	8	1.41	1
6	湘乡	1.39008	2	−0.86514	11	−1.12509	12	0.61	3
7	柳州	0.75237	4	0.11891	8	−0.21233	9	0.50	4
8	峨嵋	−0.47689	10	2.21104	1	−0.43891	10	0.09	8
9	耀县	0.24322	6	1.11782	2	0.14667	6	0.41	5
10	永登	0.51411	5	0.23851	5	0.01651	7	0.40	6
11	工源	−0.55630	12	−1.20567	14	0.74947	5	−0.53	12
12	抚顺	−0.69254	13	−0.93570	12	1.14405	3	−0.52	11
13	大连	−0.02615	7	0.81401	4	0.86825	4	0.26	7
14	江南	0.86084	3	−0.43192	10	1.76091	1	0.70	2
15	江油	−0.99667	14	0.18861	6	1.42814	2	−0.45	10

5.5　实验练习

（1）为客观评价全国各省（自治区、直辖市）的竞争力水平，现选取竞争力评价指标八项：城镇居民每人全家可支配收入（元）、财政收入（万元）、地区生产总值（亿元）、城市用水普及率（%）、城市燃气普及率（%）、每万人拥有公共交通车辆（标台）、人均城市道路面积（平方米）、人均绿地面积（平方米）。数据如表5-3所示。试利用因子分析法对全国31个省（自治区、直辖市）竞争力水平进行综合评价。

表 5-3　全国 31 个省（自治区、直辖市）综合发展水平评价相关指标数据

地　区	城镇居民每人全家可支配收入（元）	财政收入（万元）	地区生产总值（亿元）	城市用水普及率（%）	城市燃气普及率（%）	每万人拥有公共交通车辆（标台）	人均城市道路面积（平方米）	人均绿地面积（平方米）
北京	19977.52	11171514	7870.28	123.36	113.84	22.19	7.40	10.68
天津	14283.09	4170479	4359.15	100.26	99.22	14.23	13.98	6.59
河北	10304.56	6205340	11660.43	92.01	86.96	8.05	12.38	7.87
山西	10027.70	5833752	4752.54	89.58	74.56	5.73	9.06	6.63
内蒙古	10357.99	3433774	4791.48	80.67	71.03	6.08	10.34	9.39
辽宁	10369.61	8176718	9251.15	92.14	87.95	9.28	8.51	7.93
吉林	9775.07	2452045	4275.12	80.53	75.03	7.65	8.51	7.34
黑龙江	9182.31	3868440	6188.90	79.20	70.72	8.72	8.47	7.29
上海	20667.91	15760742	10366.37	100.00	105.25	12.52	11.84	7.33
江苏	14084.26	16566820	21645.08	81.99	80.20	8.61	15.45	9.60
浙江	18265.10	12982044	15742.51	70.96	70.13	9.33	12.21	6.99
安徽	9771.05	4280265	6148.73	89.93	76.09	7.70	12.28	7.28
福建	13753.28	5411707	7614.55	78.37	76.73	9.04	9.63	7.51
江西	9551.12	3055214	4670.53	91.34	77.26	8.06	9.61	7.74
山东	12192.24	13562526	22077.36	97.17	94.47	10.50	18.14	12.77
河南	9810.26	6791715	12495.97	87.16	63.23	7.09	10.00	7.93
湖北	9802.65	4760823	7581.32	91.45	83.69	10.55	12.06	8.34
湖南	10504.67	4779274	7568.89	90.27	75.95	8.98	10.01	6.99
广东	16015.58	21794608	26204.47	76.60	71.02	5.74	9.65	9.25
广西	9797.75	3425788	4828.51	79.85	92.95	7.41	10.77	7.58
海南	9395.13	818139	1052.85	80.40	70.90	7.85	14.21	10.85
重庆	11569.74	3177165	3491.57	81.38	75.84	9.29	8.14	6.45
四川	9350.11	6075850	8637.81	80.83	71.82	8.24	9.46	7.74

续表

地 区	城镇居民每人全家可支配收入（元）	财政收入（万元）	地区生产总值（亿元）	城市用水普及率（%）	城市燃气普及率（%）	每万人拥有公共交通车辆（标台）	人均城市道路面积（平方米）	人均绿地面积（平方米）
贵州	9116.61	2268157	2282.00	84.24	60.41	5.81	5.35	5.49
云南	10069.89	3799702	4006.72	74.46	57.37	9.69	7.47	6.47
西藏	8941.08	145607	291.01	48.63	48.63	15.47	16.44	9.21
陕西	9267.70	3624805	4523.74	85.66	71.24	9.10	9.07	5.89
甘肃	8920.59	1412452	2276.70	88.66	57.06	6.08	11.34	6.95
青海	9000.35	422437	641.59	91.28	81.13	18.32	9.33	7.81
宁夏	9177.26	613570	710.76	84.03	66.46	7.72	15.49	8.66
新疆	8871.27	2194628	3045.26	90.50	83.40	13.41	12.13	6.96

资料来源：《中国统计年鉴2007》，中国统计出版社。

（2）为客观评价全国旅游业发展状况，现选取了2005年全国31个省（自治区、直辖市）旅游业11个相关指标：旅行社个数（个）、旅行社职工人数（人）、固定资产原值（万元）、营业收入（万元）、税金（万元）、全员劳动生产率（万元/人）、人均实现利税（万元/人）、人均固定资产原值（万元/人）、接待入境人数（万人次）、国际旅游外汇收入（百万美元）、星级饭店个数（个）。试对全国各省（自治区、直辖市）旅游业发展水平做因子分析。具体数据如表5-4和表5-5所示。

表5-4 2005年全国31个省（自治区、直辖市）的旅游业相关指标数据（1）

地区	旅行社个数（个）	旅行社职工人数（人）	固定资产原值（万元）	营业收入（万元）	税金（万元）	全员劳动生产率（万元/人）
北京	554	15999	809657.64	1007021.98	30814.53	90.88
天津	231	5270	18578.29	37853.16	107.89	30.21
河北	630	7658	8809.38	20163.56	78.94	11.41
山西	406	6701	13722.69	23122.76	141.84	13.41
内蒙古	205	2625	13281.87	11345.13	207.03	9.73
辽宁	803	8763	29451.69	70690.14	1013.58	23.99
吉林	239	3211	14378.59	19221.54	107.16	13.17
黑龙江	366	4839	24400.68	55101.23	876.56	23.10
上海	588	17285	168042072	291093.04	2179.29	49.79
江苏	996	15702	82691.70	281242.52	768.50	52.38
浙江	855	14556	69885.97	175077.37	705.71	41.87
安徽	480	6404	19341.59	25369.54	109.22	16.39
福建	470	9598	159396.79	143126.48	1268.80	35.92
江西	399	4970	7799.83	19023.81	45.24	19.06

续表

地区	旅行社个数 （个）	旅行社职工人数 （人）	固定资产原值 （万元）	营业收入 （万元）	税金 （万元）	全员劳动生产率 （万元/人）
山东	1172	14516	61033.62	70267.98	1308.35	26.18
河南	626	8727	39290.47	38923.17	262.39	16.42
湖北	460	9904	93899.01	52780.66	521.67	10.35
湖南	639	9213	13423.54	56138.18	172.37	17.38
广东	680	27796	488113.12	870486.02	7954.94	48.65
广西	340	8635	48738.94	90911.65	1125.71	23.36
海南	157	3923	61985.75	196520.17	721.45	104.75
重庆	203	4252	81732.46	68209.75	788.00	41.89
四川	498	9765	75415.36	105570.40	452.18	27.56
贵州	142	2532	6928.33	19187.79	53.74	22.28
云南	422	10872	48744.00	125751.48	812.05	31.07
西藏	45	815	17438.40	20998.77	190.73	33.28
陕西	307	6286	39369.13	52455.27	642.57	17.51
甘肃	218	3305	21308.30	14003.78	73.25	9.19
青海	101	1216	4285.34	3922.95	16.82	9.52
宁夏	63	771	1649.51	5360.32	14.51	18.23
新疆	266	3693	21653.05	35991.86	484.59	20.29

表 5-5　2005 年全国 31 个省（自治区、直辖市）的旅游业相关指标数据（2）

地区	人均实现利税 （万元/人）	人均固定资产原值 （万元/人）	接待入境人数 （万人次）	国际旅游外汇收入 （百万美元）	星级饭店个数 （个）
北京	2.5373	73.07	185.12	1903.54	617
天津	—	14.83	48.90	329.47	87
河北	0.3115	4.99	28.03	84.60	313
山西	0.1241	7.96	11.60	36.27	236
内蒙古	0.3137	11.39	41.36	138.45	132
辽宁	0.3438	9.996	77.89	454.10	379
吉林	0.7833	9.86	21.17	66.39	192
黑龙江	0.9128	10.23	58.71	243.64	205
上海	0.4936	28.75	244.71	2052.66	338
江苏	0.6089	15.40	223.16	1131.87	590
浙江	0.4249	16.72	180.83	872.50	733
安徽	0.2597	12.51	28.08	83.41	298
福建	0.0938	40.01	149.72	914.87	305
江西	-0.5588	7.82	16.56	47.46	187
山东	0.2819	22.74	77.67	370.13	482

续表

地区	人均实现利税 （万元/人）	人均固定资产原值 （万元/人）	接待入境人数 （万人次）	国际旅游外汇收入 （百万美元）	星级饭店个数 （个）
河南	0.2926	16.58	18.86	63.44	359
湖北	-1.1662	18.42	40.52	136.27	540
湖南	0.3978	4.16	15.39	45.77	356
广东	0.9966	27.28	1196.96	4266.93	947
广西	0.2347	12.52	65.02	164.34	293
海南	1.6087	33.04	29.34	79.57	199
重庆	1.8040	50.20	23.45	113.23	147
四川	0.1620	19.69	45.17	149.59	346
贵州	0.0502	8.05	7.70	28.94	112
云南	—	12.04	100.01	340.14	572
西藏	-4.33042	27.64	5.11	18.91	58
陕西	-0.5972	13.15	46.58	198.43	229
甘肃	-0.4194	13.98	10.18	21.17	157
青海	0.9818	10.40	1.77	4.73	50
宁夏	0.1091	5.61	0.30	0.84	33
新疆	0.5241	12.21	17.05	48.58	239

资料来源：《中国统计年鉴2006》，中国统计出版社。

（3）根据人均 GDP、第三产业从业人员占全部从业人员的比重、第三产业增加值占 GDP 的比重、人均铺装道路面积、万元拥有公共汽电车、万人拥有医生、百人拥有电话机数、万人拥有高等学校在校生人数、人均居住面积、百人拥有公共图书馆藏书、人均绿地面积 11 项指标对目前我国省会城市和计划单列市的城市化进行因子分析，并利用因子得分对其进行排序和评价（数据可从《中国统计年鉴》获取）。

第 6 章　对应分析

6.1　实验目的

本实验旨在使学生理解并掌握 SPSS 软件包中对应分析的基本原理以及对应分析的基本操作等，主要包括以下几个方面：

（1）掌握对应分析原理以及基本操作。

（2）了解对应分析的优点和缺点。

（3）理解对应分析的输出结果，并能根据输出结果进行分析，解决实际经济管理中的问题。

6.2　实验原理

对应分析又称为相应分析，于 1970 年由法国数学家 J. P. Beozecri 提出来。它是在 R 型因子分析和 Q 型因子分析的基础上发展起来的一种多元统计方法。对应分析方法广泛应用于对由属性变量构成的列联表数据的研究，利用对应分析可以在一张二维图上同时画出属性变量不同取值的情况，列联表的每一行、每一列均以二维图上的一个点来表示，从而以直观、简洁的形式描述属性变量各种状态之间的相互关系以及不同属性变量之间的相互关系。

6.2.1　基本概念

在实际研究工作中，人们常常用列联表的形式来描述属性变量（定类尺度或定序尺度）的各种状态或是相关关系，这在调查研究项目中运用得尤为普遍。比如，公司的管理者为了了解消费者对自己产品的满意情况，需要针对不同职业的消费者进行调查，而调查数据很自然地就以列联表的形式提交出来，如表 6-1 所示。

表 6-1　列联表

职业＼评价	非常满意	比较满意	一般	不太满意	不满意	汇总
一般工人 管理者 行政官员 ……						
汇总						

以上是两变量列联表的一般形式，横栏与纵栏交叉位置的数字是相应的频数。这样从表中数据就可以清楚地看到不同职业的人对该公司产品的评价，以及所有被调查者对该公司产品的整体评价、被调查者的职业构成情况等信息。

一般地，假设按两个特性对事物进行研究，特性 A 有 n 类，特性 B 有 p 类，属于 A_i 和 B_j 的个体数目为 $n_{ij}(i=1, 2, \cdots, n; j=1, 2, \cdots, p)$，则可以得到形如表6-2所示的列联表。

表6-2　列联表

特性 A		特性 B						合计
		B_1	B_2	$\cdots$	B_j	$\cdots$	B_p	
特性 A	A_1	n_{11}	n_{12}	$\cdots$	n_{1j}	$\cdots$	n_{1p}	$n_1.$
	A_2	n_{21}	n_{22}	$\cdots$	n_{2j}		n_{2p}	$n_2.$
	$\vdots$	$\vdots$	$\vdots$		$\vdots$		$\vdots$	$\vdots$
	A_i	n_{i1}	n_{i2}	$\cdots$	n_{ij}		n_{ip}	$n_i.$
	$\vdots$	$\vdots$	$\vdots$		$\vdots$		$\vdots$	$\vdots$
	A_n	n_{n1}	n_{n2}		n_{nj}	$\cdots$	n_{np}	$n_n.$
合计		$n_{\cdot 1}$	$n_{\cdot 2}$		$n_{\cdot j}$	$\cdots$	$n_{\cdot p}$	n

其中，$n_{i.} = n_{i1} + n_{i2} + \cdots + n_{ip}$，$n_{\cdot j} = n_{1j} + n_{2j} + \cdots + n_{nj}$，$n = n_1. + n_2. + \cdots + n_n. = n_{\cdot 1} + n_{\cdot 2} + \cdots + n_{\cdot p}$。为了更方便地表示各频数之间的关系，人们往往用频率代替频数，即将列联表中每一个元素都除以 n，令 $p_{ij} = \dfrac{n_{ij}}{n}$，于是得到如表6-3所示的列联表：

表6-3　列联表

特性 A		特性 B						合计
		B_1	B_2	$\cdots$	B_j	$\cdots$	B_p	
特性 A	A_1	p_{11}	p_{12}	$\cdots$	p_{1j}	$\cdots$	p_{1p}	$p_1.$
	A_2	p_{21}	p_{22}	$\cdots$	p_{2j}	$\cdots$	p_{2p}	$p_2.$
	$\vdots$	$\vdots$	$\vdots$		$\vdots$		$\vdots$	$\vdots$
	A_i	p_{i1}	p_{i2}	$\cdots$	p_{ij}	$\cdots$	p_{ip}	$p_i.$
	$\vdots$	$\vdots$	$\vdots$		$\vdots$		$\vdots$	$\vdots$
	A_n	p_{n1}	p_{n2}	$\cdots$	p_{nj}		p_{np}	$p_n.$
合计		$p_{\cdot 1}$	$p_{\cdot 2}$	$\cdots$	$p_{\cdot j}$	$\cdots$	$p_{\cdot p}$	1

表6-3中，令

$$P = \begin{bmatrix} p_{11} & p_{12} & \cdots & p_{1p} \\ p_{21} & p_{22} & \cdots & p_{2p} \\ \vdots & \vdots & \ddots & \vdots \\ p_{n1} & p_{n2} & \cdots & p_{np} \end{bmatrix}$$

6.2.1.1　行剖面与列剖面

行剖面：是指当变量 A 的取值固定为 i 时（$i = 1，2，\cdots，n$），变量 B 的各个状态相对出现的概率情况，也就是把矩阵 P 中第 i 行的每一个元素均除以 $p_{i\cdot}$，这样就可以把第 i 行表示成 p 维欧式空间中的一个点，其坐标为 $P_i^{r\prime} = (\dfrac{p_{i1}}{p_{i\cdot}}, \dfrac{p_{i2}}{p_{i\cdot}}, \cdots, \dfrac{p_{ip}}{p_{i\cdot}})$，$i = 1, 2, \cdots, n$。

列剖面：把矩阵 P 中第 j 列的每一个元素均除以 $p_{\cdot j}$，这样就可以把第 j 列表示成 n 维欧式空间中的一个点，其坐标为 $P_j^{c\prime} = (\dfrac{p_{1j}}{p_{\cdot j}}, \dfrac{p_{2j}}{p_{\cdot j}}, \cdots, \dfrac{p_{nj}}{p_{\cdot j}})$，$j = 1, 2, \cdots, p$。

6.2.1.2　距离与总惯量

变量 A 的第 k 状态与第 l 状态的加权距离公式：

$$D^2(k, l) = \sum_{j=1}^{p} (\frac{p_{kj}}{p_{k\cdot}} - \frac{p_{lj}}{p_{l\cdot}})^2 / p_{\cdot j} = \sum_{j=1}^{p} (\frac{p_{kj}}{\sqrt{p_{\cdot j}}p_{k\cdot}} - \frac{p_{lj}}{\sqrt{p_{\cdot j}}p_{l\cdot}})^2 \tag{6-1}$$

上面定义的距离也可以看作是坐标为式（6-2）的任意两点之间的普通欧氏距离：

$$(\frac{p_{i1}}{\sqrt{p_{\cdot 1}}p_{i\cdot}}, \frac{p_{i2}}{\sqrt{p_{\cdot 2}}p_{i\cdot}}, \cdots, \frac{p_{ip}}{\sqrt{p_{\cdot p}}p_{i\cdot}}), \quad i = 1, 2, \cdots, n \tag{6-2}$$

由式（6-2）定义的 n 个点的重心为 $P_j^{\frac{1}{2}\prime} = (\sqrt{p_{\cdot 1}}, \sqrt{p_{\cdot 2}}, \cdots, \sqrt{p_{\cdot p}})$。

行剖面集合的总惯量：式由（6-2）定义的 n 个点与其重心的加权欧氏距离之和，记为 I_I，$I_I = \sum_{i=1}^{n} D^2(P_i^r, P_j^{\frac{1}{2}}) = \sum_{i=1}^{n} d^2[P_i^{r\prime}(D_p^{\frac{1}{2}})^{-1}, P_j^{\frac{1}{2}\prime}] = \sum_{i=1}^{n} \sum_{j=1}^{p} p_{i\cdot}(\frac{p_{\cdot ij}}{\sqrt{p_{\cdot j}}p_{i\cdot}} - \sqrt{p_{\cdot j}}) = \sum_{i=1}^{n} \sum_{j=1}^{p}$

$$\frac{(p_{ij} - p_{i\cdot}p_{\cdot j})^2}{p_{i\cdot}p_{\cdot j}} = \frac{1}{n}\chi^2 \tag{6-3}$$

其中：$\chi^2 = n \sum_{i=1}^{n} \sum_{j=1}^{p} \dfrac{(p_{ij} - p_{i\cdot}p_{\cdot j})^2}{p_{i\cdot}p_{\cdot j}}$

$D_p^{\frac{1}{2}} = diag(P_j^{\frac{1}{2}})$，表示由向量 $P_j^{\frac{1}{2}}$ 的各个分量为对角线元素构成的对角阵。

类似的，属性变量 B 的两个状态 s 和 t 之间的加权距离为：

$$D^2(s, t) = \sum_{i=1}^{n} (\frac{p_{is}}{\sqrt{p_{i\cdot}}p_{\cdot s}} - \frac{p_{it}}{\sqrt{p_{i\cdot}}p_{\cdot t}})^2$$

列剖面 p 个点的重心坐标为 $P_I^{\frac{1}{2}\prime} = (\sqrt{p_{1\cdot}}, \sqrt{p_{2\cdot}}, \cdots, \sqrt{p_{n\cdot}})$，列剖面集合的总惯量为：$I_J = I_I = \dfrac{1}{n}\chi^2$。

6.2.2　基本原理

行剖面经过式（6-2）的变换可记为 $P_i^{r\prime}(D_p^{\frac{1}{2}})^{-1}$，$i = 1, 2, \cdots, n$，变换后的 n 个行

$$p_r = \begin{bmatrix} P'^r_1 (D_p^{\frac{1}{2}})^{-1} \\ P'^r_2 (D_p^{\frac{1}{2}})^{-1} \\ \vdots \\ P'^r_n (D_p^{\frac{1}{2}})^{-1} \end{bmatrix}$$

剖面所构成的矩阵为 。

进行 Q 型因子分析就是从矩阵 p_r 出发，分析其协方差矩阵，提取公因子（主成分）的分析。设 p_r 的加权协方差矩阵为 Σ_r，则：

$$\Sigma_r = \sum_{i=1}^{n} p_i. \left[(D_p^{\frac{1}{2}})^{-1} P_i^r - P_J^{\frac{1}{2}} \right] \left[P'^r_i (D_p^{\frac{1}{2}})^{-1} - P_J^{\frac{1}{2}}{}' \right]$$

化简可得：$\Sigma_r = ZZ'$，其中：$Z = (z_{ij})$

$$z_{ij} = \frac{p_{ij} - p_i. p_{.j}}{\sqrt{p_i. p_{.j}}}, \quad i = 1, 2, \cdots, n; \quad j = 1, 2, \cdots, p$$

依照上述方法，可以对列剖面进行分析。设变换后的列剖面集所构成矩阵的协方差矩阵为 Σ_c，则可以得到 $\Sigma_c = Z'Z$。由矩阵知识可知，$\Sigma_r = ZZ'$ 和 $\Sigma_c = Z'Z$ 有完全相同的非零特征根，记作 $\lambda_1 \geqslant \lambda_2 \geqslant \cdots \geqslant \lambda_r$，而且如果 μ_j 是属于 Σ_r 的特征根 λ_j 的特征向量，那么 $Z'\mu_j$ 就是属于 Σ_c 的特征根 λ_j 的特征向量。这样就可以由 R 型因子分析的结果很方便地得到 Q 型因子分析的关系，从而大大减少了计算量，特别是克服了当某一属性变量的状态特别多时计算上的困难。又由于 $\Sigma_r = ZZ'$ 和 $\Sigma_c = Z'Z$ 有完全相同的非零特征根，而这些特征根正是各个公共因子所解释的方差，或提取的总惯量的份额，即有 $\sum_{i=1}^{r} \lambda_i = I_I = I_J$。那么在变量 B 的 p 维空间 R^p 中第一个主因子、第二个主因子……直到第 r 个主因子与变量 A 的 n 维空间 R^n 中相对应的各个主因子在总方差中所占的百分比完全相同。这样就可以用相同的因子轴表示两个属性变量的各个状态，把两个属性变量的各个状态同时反映在具有相同坐标轴的因子平面上，从而更加直观地反映两个属性变量的各个状态之间的相关关系。一般情况下，我们取两个公因子，这样就可以在一张二维图上同时画出两个变量的各个状态。

6.3 对应分析的试验步骤

第一步：由原始列联表数据计算规格化的概率意义上的列联表。

第二步：计算矩阵 Z。

第三步：由 Σ_r 或 Σ_c 出发进行 R 型因子分析或 Q 型因子分析，并由 R（或 Q）型因子分析的结果推导出 Q（或 R）型因子分析的结果。

第四步：在二维图上画出原始变量的各个状态，并对原始变量相关性进行分析。

6.4 实验操作与结果分析

软件 SPSS 19.0 的【对应分析】模块是专门进行对应分析的模块。下面我们举例说明用【对应分析】模块进行对应分析的方法。

6.4.1　实验一

【例 1】选用 SPSS 软件自带的 GSS93 subset. sav 数据，该数据在 SPSS 软件的安装目录下可以找到，或是可以从网上下载，该数据共包括 1500 个观测，67 个变量。我们仅借助它来说明对应分析模块的使用方法，不对其具体意义作过多的分析。选用该数据集中 Degree（学历）与 Race（人种）变量为例来说明。其中 Degree 变量是定类尺度的，其各个取值的含义为：0—中学以下（Less than High School），1—中学（High School），2—专科（Junior College），3—本科（Bachelor），4—研究生（Graduate），7、8、9—缺失；Race 变量是定名尺度的，其各个取值的含义为：1—白种人（White），2—黑种人（Black），3—其他（Other）。

6.4.1.1　操作过程

打开 GSS93 subset. sav 数据，对变量 Degree 与变量 Race 进行对应分析，依次点选【分析】→【降维】→【对应分析】，进入【对应分析】对话框。数据集中所有的变量名（标签）均已出现左边的窗口中，将 Degree 变量选入右侧行变量（Row）的小窗口中，此时该窗口显示的 Degree 变量形如：Degree（？？），同时其下方的【定义范围】按钮被激活，点击该按钮，进入【定义范围】对话框，在该对话框中需要确定 Degree 变量的取值范围，此处我们不研究缺失值，最小值（Minimum Value）与最大值（Maximum Value）处分别填上 0 和 4，按右侧的【更新】按钮，可以看到 Degree 的取值 0~4 已出现在【类别约束】框架下的窗口中，该框架的作用是对 Degree 的各状态加以限定条件，保持默认值【无】不变，即对 Degree 的取值不加以限定条件。点击【继续】，回到【对应分析】对话框，可以看到，此时行变量 Degree 的显示变为 Degree（0 4），按同样的方法把 Race 选为列变量且设定其取值范围为 1~3，点击【确定】按钮，得出结果。

6.4.1.2　输出结果

对应表

R's Highest Degree	Race of Respondent			有效边际
	white	black	other	
Less than HS	214	48	17	279
High school	658	92	30	780
Junior college	74	13	3	90
Bachelor	209	7	18	234
Graduate	99	7	7	113
有效边际	1254	167	75	1496

图 6-1　对应表

表6-5　案例摘要

摘要

维数	奇异值	惯量	卡方	Sig.	惯量比例		置信奇异值	相关
					解释	累积	标准差	2
1	.144	.021			.852	.852	.021	.065
2	.060	.004			.148	1.000	.026	
总计		.024	36.482	.000ᵃ	1.000	1.000		

a. 8 自由度

图6-2　案例摘要

其中输出的第一部分对应表6-4是由原始数据 Degree 与 Race 分类的列联表，可以看到观测总数 $n=1496$ 而不是原始数据观测个数 1500，这是因为原始数据中有四条记录有缺失。

第二部分摘要如表6-5给出了总惯量、χ^2 值及每一维度（公共因子）所解释的总惯量的百分比的信息。奇异值反映的是行与列各状态在二维图中分值的相关程度，实际上是对行与列进行因子分析产生的新的综合变量的典型相关系数，其在取值上等于特征值的平方根。Sig. 是假设 χ^2 值为 0 成立的概率，表注表明自由度为 $(5-1) \times (3-1) = 8$，Sig. 值很小说明列联表的行与列之间有较强的相关性。惯量比例部分是各维度（公共因子）分别解释总惯量的比例及累计百分比，类似于因子分析中公共因子解释能力的说明。

第三部分如表6-6和第四部分如表6-7是对列联表行与列各状态有关信息的概括。其中，质量部分分别指列联表中行与列的边缘概率，也就是 P_i 与 P_j。维中的得分是各维度的分值，也就是行与列各状态在二维图中的坐标值。惯量是每一行（列）与其重心加权距离的平方，可以看到 $I_I = I_J = 0.024$，即行剖面的总惯量等于列剖面的总惯量。贡献部分是指行（列）的每一状态对每一维度（公共因子）特征值的贡献及每一维度对行（列）各个状态特征值的贡献。由此可以更好地理解维度的来源及意义，如第一维度中，Bachelor 这一状态对第一维度的贡献最大（见表6-6）。在表6-6的最后部分维度对各状态特征值的贡献部分中，看到除 High school 外，其余各最高学历特征值的分布大部分集中在第一维度上，说明第一维度反映了最高学历各状态大部分的差异，这实际上相当于因子分析中对共同度的分解。

概述行点ᵃ

R's Highest Degree	质量	维中的得分		惯量	贡献				
		1	2		点对维惯量		维对点惯量		
					1	2	1	2	总计
Less than HS	.186	-.462	-.414	.008	.276	.531	.750	.250	1.000
High school	.521	-.078	.192	.002	.022	.322	.285	.715	1.000
Junior college	.060	-.304	.193	.001	.039	.037	.857	.143	1.000
Bachelor	.156	.723	-.203	.012	.566	.107	.968	.032	1.000
Graduate	.076	.429	-.041	.002	.096	.002	.996	.004	1.000
有效总计	1.000			.024	1.000	1.000			

a. 对称标准化

图6-3　输出的"概述行点"

概述列点ª

Race of Respondent	质量	维中的得分		惯量	贡献				
					点对维惯量		维对点惯量		
		1	2		1	2	1	2	总计
white	.838	.113	.079	.002	.074	.088	.830	.170	1.000
black	.112	-1.051	-.134	.018	.855	.033	.993	.007	1.000
other	.050	.452	-1.026	.005	.071	.879	.318	.682	1.000
有效总计	1.000			.024	1.000	1.000			

a. 对称标准化。

图 6-4　出的"概述列点"

输出的最后一部分图 6-5 是 Degree（学历）各状态与 Race（人种）的各状态同时在一张二维图上的投影。在图 6-5 上既可以看到每一变量内部各状态之间的相关关系，又可以同时考察两变量之间的相关关系。为了更清楚地显示各状态之间的距离，我们可以给图 6-5 上画上 X 轴与 Y 轴的参考线，方法如下：在 SPSS 的结果输出窗口中，双击该图形，进入图形编辑窗口，可以看到顶部的菜单发生了相应的变化，依次点击【选项】→【X 轴参考线】，在弹出的【属性】窗口中，点击【参考线】，在下边的位置栏将软件默认的数字改为 0，该设置表明画出参考线 X=0，然后点【应用】→【关闭】，此时可以看到 X=0 的参考线已经出现在图形中。用同样的方法，画出 Y 的参考线，然后关闭图形编辑窗口，则输出窗口的图形也发生了变化，上面的二维图 6-5 变为下面的图 6-6。

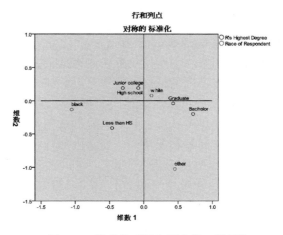

图 6-5　输出的"行和列点的二维图"

在同一变量内部，最高学历为 High school 及以上的各状态之间距离相近，而 Less than High School 可以单独归为一类；对于人种，Black、White、Other 之间的距离均很大，很明显形成三大类。同时考查两变量各状态，可以看到白种人（White）受教育程度一般较高，其与学历较高的点比较接近，而黑种人明显学历较低，与 Less than High School 比较靠近。Other 的最高学历没有显著特点。

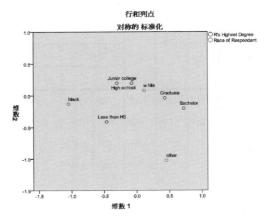

图 6-6　输出的"行和列点的二维图"

以上是 SPSS 默认设置得到的结果，在实际研究中，可以根据不同的研究目的对有关设置进行修改。

6.4.1.3　选项说明

下面对 SPSS 提供的有关选项进行简要说明。

在【对应分析】对话框中点击右方的【模型】按钮，进入【模型】对话框。在该对话框中，可以设定进行对应分析的有关方法：在上方解的维数处可以规定对应分析的最大维数，默认维数是 2。由对应分析理论可知，最大维数应该是 $\min(n, p) - 1$，此处保留默认值即可。

在【距离度量】对话框中可以规定距离量度方法，默认为卡方距离，也就是加权的欧氏距离，还可以规定用欧氏距离（Euclidean），在【标准化方法】对话框中可以规定标准化方法。若距离的量度使用卡方距离，则应使用默认的标准化方法，即对行与列均进行中心化处理；若选择欧氏距离，则有不同的标准化方法可以选择，此处不再详述。

在最下方【正态化方法】框架中可以规定不同的正态化方法，默认为【对称】方法，当我们进行分析的目的是考查两变量各状态之间的差异性或相似性时，应选择此方法。当我们的目的是考查两个属性变量之间各状态及同一变量内部各状态之间的差异性时，则应当选择【主要】方法，当我们的目的是考查不同行（列）之间的差异性或相似性时，则当选择【主要行】（【主要列】），而选中【设定】并自己设定一个 −1~1 的值，则可能输出更容易解释的二维图。

在【对应分析】对话框中点击【统计量】按钮，进入【统计量】对话框，选中【行点概览】和【列点概览】交由程序运行。

则除上面的结果外，还可以输出行简要表如图 6-7 所示与列简要表如图 6-8 所示。

在【统计量】对话框中选择其他选项，可以输出一些有用的统计量，这些统计量有助于检验对应分析的效果，此处不再详述。在【对应分析】对话框中，点击【绘制】按钮进入【绘制】对话框，看到在【散点图】框架中，系统默认输出【双标图】，即在同一张二维图上同时输出两个属性变量的各个状态，为了考查列联表各行（列）之间的相关性，

行简要表

R's Highest Degree	Race of Respondent			有效边际
	white	black	other	
Less than HS	.767	.172	.061	1.000
High school	.844	.118	.038	1.000
Junior college	.822	.144	.033	1.000
Bachelor	.893	.030	.077	1.000
Graduate	.876	.062	.062	1.000
质量	.838	.112	.050	

图 6-7　输出的"行简要表"

列简要表

R's Highest Degree	Race of Respondent			质量
	white	black	other	
Less than HS	.171	.287	.227	.186
High school	.525	.551	.400	.521
Junior college	.059	.078	.040	.060
Bachelor	.167	.042	.240	.156
Graduate	.079	.042	.093	.076
有效边际	1.000	1.000	1.000	

图 6-8　输出的"列简要表"

有时候有必要输出仅包括一个变量各种状态参数的二维图，选择【行点】及【列点】可以实现。同时选中【行点】及【列点】并交由程序运行，则可以得到如下输出结果（见图 6-9 和图 6-10）：

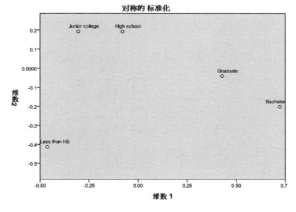

图 6-9　输出的"R's Highest Degress 的行点"

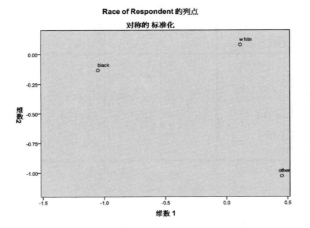

图 6-10 输出的"Race of Respondent 的列点"

这样可以更清楚地考查每一变量各个状态之间的距离或接近程度。SPSS 软件还提供了许多其他有用的选项，可以针对不同的研究问题及研究目的选择这些选项以得到更多的结果，此处我们不再详细说明。

6.4.2 实验二

例 2：按现行统计报表制度，农民家庭人均纯收入主要由四部分构成，即工资性收入、家庭经营纯收入、财产性收入、转移性收入。表 6-4 给出了 2005 年全国 31 个省（自治区、直辖市）农民家庭纯收入的数据。试进行对应分析，揭示全国农民人均纯收入的特征以及各省（自治区、直辖市）与各收入指标间的关系。

表 6-4 2005 年全国农民家庭人均纯收入　　　　　　　　单位：元

序号	省份	工资性收入	家庭性收入	财产性收入	转移性收入
1	北京	4524.25	1778.33	588.04	455.64
2	天津	2720.85	2626.46	152.88	79.64
3	河北	1293.50	1988.58	93.74	105.81
4	山西	1177.94	1563.52	62.70	86.49
5	内蒙古	504.46	2223.26	73.05	188.10
6	辽宁	1212.20	2163.49	113.24	201.28
7	吉林	510.96	2395.50	148.35	209.19
8	黑龙江	464.31	2363.92	230.63	162.41
9	上海	6159.70	774.60	457.52	855.95
10	江苏	2786.11	2124.97	150.44	214.76
11	浙江	3238.77	2789.40	278.92	352.86
12	安徽	1010.05	1499.25	44.91	86.75
13	福建	1650.65	2365.02	98.73	335.96

序号	省份	工资性收入	家庭性收入	财产性收入	转移性收入
14	江西	1227.94	1786.41	25.78	88.76
15	山东	1437.57	2258.05	102.80	132.13
16	河南	853.95	1913.66	35.85	67.13
17	湖北	941.64	2049.04	16.81	91.71
18	湖南	1228.79	1713.97	42.05	133.55
19	广东	2562.39	1731.97	167.25	228.88
20	广西	907.36	1516.36	18.30	52.66
21	海南	473.06	2345.56	55.58	129.83
22	重庆	1088.80	1541.48	30.89	148.35
23	四川	954.89	1681.63	41.59	124.65
24	贵州	583.28	1153.36	35.51	104.81
25	云南	348.31	1530.13	75.52	87.84
26	西藏	565.18	1187.13	217.22	108.37
27	陕西	756.71	1118.91	56.92	120.09
28	甘肃	586.71	1263.42	20.57	109.18
29	青海	560.52	1359.56	61.99	169.40
30	宁夏	702.10	1561.94	48.62	196.24
31	新疆	195.51	2140.76	33.87	112.01

资料来源：2006年《中国统计年鉴》。

利用软件SPSS19.0进行实际操作和分析，如下：

6.4.2.1 操作过程

（1）打开SPSS文件，在表格下方有两个选项分别是【数据视图】和【变量视图】，点击【变量视图】选项，将各选项改为图6-11所示形式。

图6-11 数据编辑视图

其中【值】需要做如下设置：在弹出的对话框里，对北京至新疆的31个省（自治区、直辖市）以及工资等四项收入进行数字赋值（见图6-12和图6-13）。

图 6-12　"值标签"对话框（1）　　　图 6-13　"值标签"对话框（2）

（2）点击【数据视图】进行图 6-14 所示数据的输入。

在 SPSS 的数据窗口输入以上数据，然后依次点选【数据】→【加权个案】，进入【加权个案】对话框，系统默认是对观测不使用权重，选中【加权个案】选项，此时下面的【频率变量】被激活，选中 money 并点击箭头，使变量 money 充当权数，点击【确定】。如图 6-15 所示。

图 6-14　数据编辑视图　　　　　　图 6-15　"加权个案"对话框

（3）数据输入完成后，选择【分析】→【降维】→【对应分析】，然后把"Province"选入"行"，再点击【定义范围】来定义范围为 1（最小值）到 31（最大值），之后点击【更新】，再点击【继续】。之后同样地，把"income"选入列，并定义其范围为1~4，如图 6-16 所示。

（4）然后点击【模型】，在出现的对话框中选择数据标准化方法，本例距离度量点选 Euclidean，下面的标准化方法选择选项被激活，有五种可供选择的数据标准化方法，本例选择第五种【使列总和相等，删除均值】，读者也可尝试使用其他方法。其余选项为默认，点击【继续】按钮来运行，如图 6-17 所示。

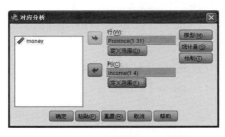

图 6-16　"对应分析"对话框　　　　图 6-17　"对应分析：模型"对话框

6.4.2.2 输出结果分析

根据 SPSS 对数据的计算，会得到一系列的表格，输出表格之一如表 6-9 所示，此表中给出了行和列记分的关系。惯量比例代表各维度分别解释总惯量的比例及累计百分比。从图 6-18 中可以看出第一维和第二维的惯量比例占了总比例的 95.4%，因此我们可以选取两维来进行分析。

摘要

| 维数 | 奇异值 | 惯量 | 惯量比例 | | 置信奇异值 | 相关 |
			解释	累积	标准差	2
1	.781	.609	.874	.874	.002	.000
2	.237	.056	.080	.954	.004	
3	.178	.032	.046	1.000		
总计		.697	1.000	1.000		

图 6-18 输出的样本"摘要"

在 SPSS 的输出结果中还给出了绘制最后叠加的散点图所需的两套坐标。关于行变量（省份）的点坐标表如图 6-19 所示，如北京（-2.684，-1.301）、天津（-0.263，-0.169）等。

概述行点[a]

| Province | 质量 | 维中的得分 | | 惯量 | 贡献 | | | | |
| | | 1 | 2 | | 点对维惯量 | | 维对点惯量 | | |
					1	2	1	2	总计
北京	.032	-2.684	-1.301	.195	.298	.231	.930	.066	.996
天津	.032	-.263	-.169	.012	.003	.004	.142	.018	.160
河北	.032	.209	-.112	.002	.002	.002	.634	.055	.689
山西	.032	.366	.035	.004	.006	.000	.804	.002	.806
内蒙古	.032	.325	-.014	.005	.004	.000	.557	.000	.557
辽宁	.032	.014	-.008	.001	.000	.000	.009	.001	.009
吉林	.032	.046	-.460	.005	.000	.029	.011	.328	.338
黑龙江	.032	-.139	-1.145	.012	.001	.179	.039	.808	.847
上海	.032	-3.261	1.305	.283	.439	.232	.945	.046	.991
江苏	.032	-.484	.295	.009	.010	.012	.633	.071	.704
浙江	.032	-1.221	-.064	.040	.062	.001	.934	.001	.935
安徽	.032	.461	.104	.006	.009	.001	.890	.014	.904
福建	.032	-.250	.596	.007	.003	.048	.212	.366	.578
江西	.032	.472	.281	.007	.009	.011	.798	.086	.884
山东	.032	.106	-.072	.001	.000	.001	.256	.036	.291
河南	.032	.558	.023	.008	.013	.000	.955	.000	.955
湖北	.032	.562	.235	.009	.013	.008	.906	.048	.954
湖南	.032	.348	.309	.004	.005	.013	.777	.186	.963
广东	.032	-.512	.186	.008	.011	.005	.831	.033	.864
广西	.032	.625	.147	.011	.016	.003	.899	.015	.914
海南	.032	.482	-.086	.007	.010	.001	.840	.008	.848
重庆	.032	.392	.393	.005	.006	.021	.753	.230	.983
四川	.032	.425	.201	.005	.007	.006	.930	.063	.993
贵州	.032	.559	.109	.009	.013	.002	.867	.010	.877
云南	.032	.509	-.308	.008	.011	.013	.836	.093	.929
西藏	.032	-.035	-1.081	.011	.000	.159	.003	.786	.789
陕西	.032	.425	.071	.006	.007	.001	.782	.007	.788
甘肃	.032	.600	.211	.010	.015	.006	.894	.034	.928
青海	.032	.376	.095	.005	.006	.001	.690	.013	.704
宁夏	.032	.346	.288	.005	.005	.011	.610	.128	.739
新疆	.032	.643	-.066	.011	.017	.001	.915	.003	.918
有效总计	1.000			.697	1.000	1.000			

a. 对称标准化

图 6-19 输出"概述行点"

同样地，列变量（收入类别）的点坐标表如图 6-20 所示，如工资性收入（-0.982，-0.423）、家庭性收入（0.015，-0.143）等。

概述列点[a]

income	质量	维中的得分 1	维中的得分 2	惯量	点对维惯量 1	点对维惯量 2	维对点惯量 1	维对点惯量 2	总计
工资性收入	.250	-.982	.423	.215	.309	.189	.877	.049	.926
家庭性收入	.250	.015	-.143	.017	.000	.022	.002	.071	.074
财产性收入	.250	-1.176	-.717	.301	.443	.543	.898	.101	.999
转移性收入	.250	-.881	.482	.180	.248	.246	.839	.076	.916
有效总计	1.000			.697	1.000	1.000			

a. 对称标准化

图 6-20 输出的"概述列点"

由以上两张坐标表，可以得出图 6-21 所示的叠加散点图。从图中不难看出：我国经济发达省份，如广东、浙江、江苏、福建等，主要以工资性收入和转移性收入为主；河北、山东、内蒙古、吉林等多依靠家庭经营收入；个别省份，如上海、北京，经济发展迅速，依靠工资性收入的同时，也会有相当部分的转移性收入。

从中国目前的经济发展状况来看，大部分农民仍是以工资性收入和家庭经营收入为主要的收入来源。在经济发达地区，农民外出打工较多，因此还是以工资性收入为主；在经济不发达地区，大部分农民还是以农业生产为主，因此还是以家庭经营收入为主。随着中国社会经济的不断发展和进步，这种格局也必然会发生一定的变化，转移性收入和财产性收入也会有所表现。

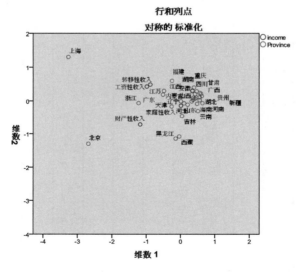

图 6-21 行和列点

综上所述，利用对应分析，能够较好地揭示指标与指标、样品与样品、指标与样品之间的内在联系。因此，对应分析方法能以较小的代价从原始数据中提取较多的信息。

6.5　实验练习

（1）什么是对应分析？它与因子分析有何关系？

（2）试述对应分析的基本思想和基本步骤。

（3）在进行对应分析时，应注意哪些问题？

（4）表 6-5 是美国九个城市之间的飞行距离（英里）。试对其进行对应分析。

表 6-5　美国九城市飞行距离表

	亚特兰大	芝加哥	丹佛	休斯敦	洛杉矶	迈阿密	纽约	旧金山	西雅图
芝加哥	587	0							
丹佛	1212	920	0						
休斯敦	701	940	879	0					
洛杉矶	1936	1745	831	1374	0				
迈阿密	604	1188	1726	968	2339	0			
纽约	748	712	1631	1420	2451	1092	0		
旧金山	2139	1858	949	1645	374	2594	2571	0	
西雅图	2182	1737	1021	1891	959	2734	2408	678	0
华盛顿	543	597	1494	1220	2300	923	205	2442	2329

（5）希尔研究头发颜色与眼睛颜色的关系，抽查了 5387 人的资料如下表。试对其进行对应分析。

表 6-6　头发颜色与眼睛颜色频数表

眼睛颜色	头发颜色					合计
	金黄色	红	褐色	深红	黑	
蓝色	326	3	241	110	3	718
淡蓝	688	116	584	188	4	1580
浅蓝	343	84	909	412	26	1774
深蓝	98	18	403	681	85	1315
合计	1455	286	2137	1391	118	5387

（6）进行十二指肠溃疡手术，有时存在不良的综合征。表 6-7 的数据给出的是在四个医院中进行的手术，依次不同的手术处理为：

A. 引流和迷走神经切除   B. 25%的切除和迷走神经切除

C. 50%的切除和迷走神经切除   D. 75%的切除

表6-7 四个医院中进行手术数量的频数表

手术处理	综合征	医院			
		1	2	3	4
A	无	23	18	8	12
	有	9	7	9	10
B	无	23	18	12	15
	有	15	8	8	5
C	无	20	13	11	14
	有	18	15	8	11
D	无	24	9	7	13
	有	16	17	11	10

（7）表6-8是某省12个地区10种恶性肿瘤的死亡率，试用对应分析法分析地区与死亡的联系。

表6-8 某省12个地区10种恶性肿瘤的死亡率   单位：%

地区	鼻咽癌	食道癌	胃癌	肝癌	肠癌	肺癌	乳腺癌	宫颈癌	膀胱癌	白血病
1	3.89	14.06	48.01	21.39	5.38	9.57	1.65	0.15	0.60	3.29
2	2.17	26.00	24.92	22.75	8.67	10.29	1.08	0.00	0.00	3.25
3	0.00	2.18	5.44	22.84	4.35	17.40	1.09	4.35	0.00	4.35
4	1.46	7.61	31.92	26.94	6.15	15.82	2.05	1.45	0.29	2.93
5	0.89	46.37	11.59	32.10	0.89	9.81	0.89	3.57	0.89	1.78
6	0.60	1.81	16.27	19.28	3.01	6.02	1.20	0.60	0.00	4.82
7	1.74	8.72	3.20	24.70	2.03	4.36	0.00	0.58	2.03	2.62
8	1.98	41.18	44.15	35.22	4.96	14.88	0.00	0.00	0.00	4.96
9	2.14	3.00	13.29	26.58	5.14	8.14	1.71	6.86	0.00	3.00
10	1.83	37.97	10.45	36.13	4.59	14.86	1.65	0.00	0.73	3.67
11	4.71	20.71	23.77	42.84	12.24	24.24	5.41	3.06	0.24	4.24
12	1.66	4.98	6.64	35.71	5.81	18.27	0.83	2.49	0.00	7.47

（8）试用对应分析法对一实际问题进行分析。

第 7 章 典型相关分析

7.1 实验目的

本实验旨在使学生理解并掌握 SPSS 软件包中典型相关分析的基本原理以及基本操作等，主要包括以下几个方面：

（1）掌握典型相关分析的基本原理以及基本操作步骤。

（2）掌握运用 SPSS19.0 程序语言进行典型相关分析的简单编程方法。

（3）理解在 SPSS19.0 中进行典型相关分析的输出结果，并能根据输出结果进行相关分析，解决经济管理中的实际问题。

7.2 实验原理

7.2.1 典型相关分析的基本思想

典型相关分析由 Hotelling 提出，是研究两组变量之间相关关系的一种多元统计方法。它能够揭示出两组变量之间的内在联系，其基本思想和主成分分析非常相似。首先，在每组变量中找出变量的线性组合，使两组的线性组合之间具有最大的相关系数。其次，选取和最初挑选的这对线性组合不相关的线性组合，使其配对，并选取相关系数最大的一对，如此继续下去，直到两组变量之间的相关性被提取完毕为止。被选出的线性组合配对称为典型变量，它们的相关系数称为典型相关系数。典型相关系数度量了这两组变量之间联系的强度。典型相关分析的目的是识别并量化两组变量之间的联系，将两组变量相关关系的分析转化为一组变量的线性组合与另一组变量线性组合之间的相关关系分析。目前，典型相关分析已被应用于心理学、市场营销等领域，如用于研究个人性格与职业兴趣的关系，市场促销活动与消费者响应之间的关系等问题。

一般情况，设 $\boldsymbol{X}^{(1)} = (X_1^{(1)}, X_2^{(1)}, \cdots, X_p^{(1)})$，$\boldsymbol{X}^{(2)} = (X_1^{(2)}, X_2^{(2)}, \cdots, X_q^{(2)})$ 是两个相互关联的随机向量，其分别在两组变量中选取若干有代表性的综合变量 U_i、V_i，使每一个综合变量是原变量的线性组合，即：

$$U_i = a_1^{(i)} X_1^{(1)} + a_2^{(i)} X_2^{(1)} + \cdots + a_p^{(i)} X_p^{(1)} \overset{\Delta}{=} a^{(i)\prime} X^{(1)}$$

$$V_i = b_1^{(i)} X_1^{(2)} + b_2^{(i)} X_2^{(2)} + \cdots + b_q^{(i)} X_q^{(2)} \overset{\Delta}{=} b^{(i)'} X^{(2)}$$

为了确保典型变量的唯一性，我们只考虑方差为 1 的 $X^{(1)}$、$X^{(2)}$ 的线性函数 $a^{(i)'} X^{(1)}$ 与 $b^{(i)'} X^{(2)}$，求使它们相关系数达到最大的这一组。若存在常向量 $a^{(1)}$、$b^{(1)}$，在 $D(a^{(1)'} X^{(1)}) = D(b^{(1)'} X^{(2)}) = 1$ 的条件下，使 $\rho(a^{(1)'} X^{(1)}, b^{(1)'} X^{(2)})$ 达到最大，则称 $a^{(1)'} X^{(1)}$ 和 $b^{(1)'} X^{(2)}$ 是 $X^{(1)}$ 和 $X^{(2)}$ 的第一对典型相关变量。求出第一对典型相关变量之后，可以类似地求出各对之间互不相关的第二对、第三对等典型相关变量。这些典型相关变量就反映了 $X^{(1)}$、$X^{(2)}$ 之间的线性相关情况。这里值得注意的是，我们可以通过检验各对典型相关变量相关系数的显著性，来反映每一对综合变量的代表性，如果某一对的相关程度不显著，那么这对变量就不具有代表性，不具有代表性的变量就可以忽略。这样就可以通过对少数典型相关变量的研究，代替原来两组变量之间的相关关系的研究，从而容易抓住问题的本质。

7.2.2 典型相关分析的基本原理

设有两组随机向量，$X^{(1)}$ 代表第一组的 p 个变量，$X^{(2)}$ 代表第二组的 q 个变量，假设 $p \leqslant q$。令 $Cov(X^{(1)}) = \Sigma_{11}$，$Cov(X^{(2)}) = \Sigma_{22}$，$Cov(X^{(1)}, X^{(2)}) = \Sigma_{12} = \Sigma'_{21}$，

$$X_{(p+q) \times 1} = \begin{bmatrix} X^{(1)} \\ \hdashline X^{(2)} \end{bmatrix} = \begin{bmatrix} X_1^{(1)} \\ X_2^{(1)} \\ \vdots \\ X_p^{(1)} \\ \hdashline X_1^{(2)} \\ X_2^{(2)} \\ \vdots \\ X_q^{(2)} \end{bmatrix}, \quad Cov(X, X) = \begin{bmatrix} \underset{(p \times p)}{\Sigma_{11}} & \vdots & \underset{(p \times q)}{\Sigma_{12}} \\ \cdots & \vdots & \cdots \\ \underset{(q \times p)}{\Sigma_{21}} & \vdots & \underset{(q \times q)}{\Sigma_{22}} \end{bmatrix}$$

根据典型相关分析的基本思想，要进行两组随机向量间的相关分析，先要计算出各组变量的线性组合——典型变量，并使其相关系数达到最大。因此，我们设两组变量的线性组合分别为：$U = a' X^{(1)} = a_1 X_1^{(1)} + a_2 X_2^{(1)} + \cdots + a_p X_p^{(1)}$，

$$V = b' X^{(2)} = b_1 X_1^{(2)} + b_2 X_2^{(2)} + \cdots + b_q X_q^{(2)}$$

可见：$D(U) = D(a' X^{(1)}) = a' Cov(X^{(1)}, X^{(1)}) a = a' \Sigma_{11} a$，$D(V) = D(b' X^{(2)})$

$$= b' Cov(X^{(2)}, X^{(2)}) b = b' \Sigma_{22} b$$

$$Cov(U, V) = a' Cov(X^{(1)}, X^{(2)}) b = a' \Sigma_{12} b$$

$$Corr(U, V) = \frac{Cov(U, V)}{\sqrt{D(U)} \sqrt{D(V)}} = \frac{a' \Sigma_{12} b}{\sqrt{a' \Sigma_{11} a} \sqrt{b' \Sigma_{22} b}}$$

我们希望寻找使相关系数达到最大的向量 a 与 b，由于随机向量乘以常数时并不改变它们的相关系数，所以为防止结果的重复出现。

令：

$$D(U) = a' \Sigma_{11} a = 1 ， D(V) = b' \Sigma_{22} b = 1 \tag{7-1}$$

那么，

$$Corr(U, V) = \frac{a' \Sigma_{12} b}{\sqrt{a' \Sigma_{11} a} \sqrt{b' \Sigma_{22} b}} = a' \Sigma_{12} b \tag{7-2}$$

问题就成为在式（7-1）的约束条件下，求使 $Corr(U, V) = a' \Sigma_{12} b$ 达到最大的系数向量 a 与 b。

根据条件极值的求法引入 Lagrange 乘数，将问题转化为求式（7-3）的极大值。

$$\varphi(a,b) = a' \Sigma_{12} b - \frac{\lambda}{2} (a' \Sigma_{11} a - 1) - \frac{\nu}{2} (b' \Sigma_{22} b - 1) \tag{7-3}$$

其中 λ，ν 是 Lagrange 乘数。

为了表示方便，令 $A = \Sigma_{11}^{-1} \Sigma_{12} \Sigma_{22}^{-1} \Sigma_{21}$，$B = \Sigma_{22}^{-1} \Sigma_{21} \Sigma_{11}^{-1} \Sigma_{12}$，其中 A 为 $p \times p$ 阶矩阵，B 为 $q \times q$ 阶矩阵。因为 $\lambda = a' \Sigma_{12} b = Corr(U, V)$，求 $Corr(U, V)$ 最大值也就是求 λ 的最大值，而求 λ 的最大值又转化为求 A 和 B 的最大特征根。可以证明，A 和 B 的特征根和特征向量有如下性质：

（1）A 和 B 具有相同的非零特征根，且所有特征根非负。

（2）A 和 B 的特征根均在 $0 \sim 1$。

（3）设 A 和 B 的非零特征根为 $\lambda_1^2 \geqslant \lambda_2^2 \cdots \geqslant \lambda_r^2$，$r = rank(A) = rank(B)$，$a^{(1)}$，$a^{(2)}$，$\cdots$，$a^{(r)}$ 为 A 对应于 λ_1^2，λ_2^2，$\cdots$，λ_r^2 的特征向量，$b^{(1)}$，$b^{(2)}$，$\cdots$，$b^{(r)}$ 为 B 对应 λ_1^2，λ_2^2，$\cdots$，λ_r^2 的特征向量。

由于我们所求的是最大特征根及其对应的特征向量，因此最大特征根 λ_1^2 对应的特征向量 $a^{(1)} = (a_1^{(1)}, a_2^{(1)}, \cdots, a_p^{(1)})'$ 和 $b^{(1)} = (b_1^{(1)}, b_2^{(1)}, \cdots, b_q^{(1)})'$ 就是所求的典型变量的系数向量，即可得：

$$U_1 = a^{(1)'} X^{(1)} = a_1^{(1)} X_1^{(1)} + a_2^{(1)} X_2^{(1)} + \cdots + a_P^{(1)} X_P^{(1)}$$
$$V_1 = b^{(1)'} X^{(2)} = b_1^{(1)} X_1^{(2)} + b_2^{(1)} X_2^{(2)} + \cdots + b_q^{(1)} X_q^{(2)}$$

我们称其为第一对典型变量，最大特征根的平方根 λ_1 即为两典型变量的相关系数，我们称其为第一典型相关系数。如果第一对典型变量不足以代表两组原始变量的信息，则需要求得第二对典型变量，即 $U_2 = a^{(2)'} X^{(1)}$，$V_2 = b^{(2)'} X^{(2)}$。

显然，要求第二对典型变量也要满足如下约束条件：

$$D(U_2) = a^{(2)'} \Sigma_{11} a^{(2)} = 1$$
$$D(V_2) = b^{(2)'} \Sigma_{22} b^{(2)} = 1 \tag{7-4}$$

除此之外，为了有效测度两组变量的相关信息，第二对典型变量应不再包含第一对典型变量已包含的信息，因而，需增加约束条件：

$$Cov(U_1, U_2) = Cov(a^{(1)'} X^{(1)}, a^{(2)'} X^{(1)}) = a^{(1)'} \Sigma_{11} a^{(2)} = 0$$
$$Cov(V_1, V_2) = Cov(b^{(1)'} X^{(2)}, b^{(2)'} X^{(2)}) = b^{(1)'} \Sigma_{22} b^{(2)} = 0 \tag{7-5}$$

在式（7-4）和式（7-5）的约束条件下，可求得其相关系数 $Corr(U_2, V_2) = a^{(2)'} \Sigma_{12} b^{(2)}$ 的最大值为上述矩阵 A 和 B 的第二大特征根 λ_2^2 的平方根 λ_2，其对应的单位特征向量 $a^{(2)}$、$b^{(2)}$ 就是第二对典型变量的系数向量，称 $U_2 = a^{(2)'} X^{(1)}$ 和 $V_2 = b^{(2)'} X^{(2)}$ 为第二对典型变量，

λ_2 为第二典型相关系数。

类似地，依次可求出第 r 对典型变量：$U_r = a^{(r)\prime} X^{(1)}$ 和 $V_r = b^{(r)\prime} X^{(2)}$，其系数向量 $a^{(r)\prime}$ 和 $b^{(r)\prime}$ 分别为矩阵 A 和 B 的第 r 特征根 λ_r^2 对应的特征向量。λ_r 即为第 r 典型相关系数。

综上所述，典型变量和典型相关系数的计算可归结为矩阵 A 和 B 特征根及相应特征向量的求解。如果矩阵 A 和 B 的秩为 r，则共有 r 对典型变量，第 k 对 $(1 \leqslant k \leqslant r)$ 典型变量的系数向量分别是矩阵 A 和 B 第 k 特征根 λ_k^2 相应的特征向量，典型相关系数为 λ_k。

典型变量具有以下性质：

$$D(U_k) = 1, \qquad D(V_k) = 1 \qquad (k = 1, 2, \cdots, r)$$
$$Cov(U_i, U_j) = 0, \qquad Cov(V_i, V_j) = 0 \quad (i \neq j)$$
$$Cov(U_i, V_j) = \begin{cases} \lambda_i \neq 0 & (i = j, i = 1, 2, \cdots, r) \\ 0 & (i \neq j) \\ 0 & (j > r) \end{cases}$$

7.3　实验操作与结果分析

【例 7-1】测量 15 名受试者的身体形态以及健康情况指标，如表 7-1 所示。第一组是身体形态变量，有年龄、体重、胸围和日抽烟量；第二组是健康状况变量，有脉搏、收缩压和舒张压。要求测量身体形态以及健康状况这两组变量之间的关系。

表 7-1　两组身体素质的典型变量

年龄 X_1	体重 X_2	抽烟量 X_3	胸围 X_4	脉搏 Y_1	收缩压 Y_2	舒张压 Y_3
25	125	30	83.5	70	130	85
26	131	25	82.9	72	135	80
28	128	35	88.1	75	140	90
29	126	40	88.4	78	140	92
27	126	45	80.6	73	138	85
32	118	20	88.4	70	130	80
31	120	18	87.8	68	135	75
34	124	25	84.6	70	135	75
36	128	25	88.0	75	140	80
38	124	23	85.6	72	145	86
41	135	40	86.3	76	148	88
46	143	45	84.8	80	145	90
47	141	48	87.9	82	148	92
48	139	50	81.6	85	150	95
45	140	55	88.0	88	160	95

7.3.1　操作步骤

在 SPSS 中没有提供典型相关分析的专门菜单项，要想利用 SPSS 实现典型相关分析，必须在语句窗口中调用 SPSS 的 Canonical correlation. sps 宏。具体方法如下：

（1）按 File→New→Syntax 的顺序新建一个语句窗口。在语句窗口中输入下面的语句（见图 7-1）：

INCLUDE ′Canonical correlation. sps′.

CANCORR SET1＝x1 x2 x3 x4／

SET2＝y1 y2 y3／.

图 7-1　输入语句窗口

（2）点击语句窗口 Run 菜单中的 All 子菜单项，运行典型相关宏命令，得出结果。

7.3.2　主要运行结果解释

（1）Correlations for Set-1、Correlations for Set-2、Correlations Between Set-1 and Set-2（分别给出两组变量内部以及两组变量之间的相关系数矩阵）。

（2）Canonical Correlations（给出典型相关系数）。

从图 7-2 中可以看出第一典型相关系数达到 0.957，第二典型相关系数为 0.582，第三典型相关系数为 0.180。

```
        Canonical Correlations
        1        .957
        2        .582
        3        .180
```

图 7-2　典型相关系数

（3）Test that Remaining Correlations are Zero（给出典型相关的显著性检验）。

图 7-3 中从左至右分别为 Wilks 的统计量、卡方统计量（Chi-SQ）、自由度（DF）和伴随概率（Sig.）。从图 7-3 中可以看出，在 0.05 的显著性水平下，三对典型变量中只有第一对典型相关是显著的。

```
Test that remaining correlations are zero:
         Wilk's   Chi-SQ      DF      Sig.
1        .054     29.186    12.000    .004
2        .640      4.459     6.000    .615
3        .967       .331     2.000    .848
```

图7-3 典型相关系数的显著性检验

（4）Raw Canonical Coefficients（分别给出两组典型变量的未标准化系数）。

（5）Standardized Canonical Coefficients（分别给出两组典型变量的标准化系数）。

由于本例中的数据单位并不统一，所以我们主要通过观察标准化的典型变量的系数来分析两组变量的相关关系。

```
Standardized Canonical Coefficients for Set-1
              1          2          3
X1         -.256     -1.130      1.060
X2         -.151      -.113     -2.215
X3         -.694      1.067      1.212
X4         -.189       .051       .027

Standardized Canonical Coefficients for Set-2
              1          2          3
Y1         -.721      -.191     -2.739
Y2         -.171     -1.265      1.751
Y3         -.142      1.514      1.259
```

图7-4 两组典型变量的标准化系数

从图7-4中可以看出，来自身体形态指标的第一典型变量 V_1 为：

$V_1 = -0.256X_1 - 0.151X_2 - 0.694X_3 - 0.189X_4$，由于 X_3（抽烟量）的系数-0.694绝对值最大，反映身体形态的典型变量主要由抽烟量决定。来自健康状况指标的第一典型变量 U_1 为：$U_1 = -0.721Y_1 - 0.171Y_2 - 0.142Y_3$。

由于 Y_1（脉搏）的系数-0.721绝对值最大，说明健康状况的典型变量主要由脉搏所决定。

同时，由于两个典型变量中抽烟量和脉搏的系数是同号的（都为负），反映抽烟量和脉搏的正相关，即日抽烟越多则每分钟的脉搏跳动次数也越多。抽烟对身体健康有害，这和客观事实是相符的。

（6）Redundancy Analysis（分别给出两组典型变量的冗余分析）。

图7-5中给出的四组数据分别是身体形态变量被自身的典型变量解释的方差比例、身体形态变量被健康状况的典型变量解释的方差比例、健康状况变量被自身的典型变量解释的方差比例和健康状况变量被身体形态的典型变量解释的方差比例。

```
                    Redundancy Analysis
Proportion of Variance of Set-1 Explained by Its Own Can.
Var.
                    Prop Var
CV1-1                .576
CV1-2                .129
CV1-3                .053
Proportion of Variance of Set-1 Explained by Opposite
Can. Var.
                    Prop Var
CV2-1                .527
CV2-2                .044
CV2-3                .002

Proportion of Variance of Set-2 Explained by Its Own Can.
Var.
                    Prop Var
CV2-1                .874
CV2-2                .086
CV2-3                .041
Proportion of Variance of Set-2 Explained by Opposite
Can. Var.
                    Prop Var
CV1-1                .800
CV1-2                .029
CV1-3                .001
```

图 7-5　典型冗余分析

7.4　实验练习

（1）什么是典型相关分析？简述其基本思想。

（2）什么是典型变量？它具有哪些性质？

（3）试分析一组变量的典型变量与其主成分的联系与区别。

（4）简述典型相关分析中载荷分析的内容及作用。

（5）简述典型相关分析中冗余分析的内容及作用。

（6）设 X 和 Y 分别是 p 维和 q 维随机向量，且存在二阶距，设 $p \leq q$。它们的第 i 对典型变量分别为 $a^{(i)'}X$、$b^{(i)'}Y$，典型相关系数为 λ_i（$i = 1, \cdots, p$）。令 $X^* = CX + l$，$Y^* = DY + m$，其中 C、D 分别为 $p \times p$、$q \times q$ 阶非奇异阵，l、m 分别为 p 维、q 维随机向量，试证明：

1）X^*、Y^* 的第 i 对典型变量为 $C^{-1}a^{(i)'}X^*$、$D^{-1}b^{(i)'}Y^*$。

2）$C^{-1}a^{(i)'}X^*$ 与 $D^{-1}b^{(i)'}Y^*$ 的典型相关系数为 λ_i。

（7）对 140 名学生进行了阅读速度 x_1、阅读能力 x_2、运算速度 y_1 和运算能力 y_2 的四种测验，所得成绩的相关系数阵为：

$$R = \begin{bmatrix} 1 & 0.03 & 0.24 & 0.59 \\ 0.03 & 1 & 0.06 & 0.07 \\ 0.24 & 0.06 & 1 & 0.24 \\ 0.59 & 0.07 & 0.24 & 1 \end{bmatrix}$$

试对阅读本领与运算本领之间进行典型相关分析。

（8）在某年级学生的期末考试中，有的课程闭卷考试，有的课程开卷考试。44 名学生的成绩如下表：

闭卷		开卷			闭卷		开卷		
力学	物理	代数	分析	统计	力学	物理	代数	分析	统计
X_1	X_2	X_3	X_4	X_5	X_1	X_2	X_3	X_4	X_5
77	82	67	67	81	63	78	80	70	81
75	73	71	66	81	55	72	63	70	68
63	63	65	70	63	53	61	72	64	73
51	67	65	65	68	59	70	68	62	56
62	60	58	62	70	64	72	60	62	45
52	64	60	63	54	55	67	59	62	44
50	50	64	55	63	65	63	58	56	37
31	55	60	57	76	60	64	56	54	40
44	69	53	53	53	42	69	61	55	45
62	46	61	57	45	31	49	62	63	62
44	61	52	62	45	49	41	61	49	64
12	58	61	63	67	49	53	49	62	47
54	49	56	47	53	54	53	46	59	44
44	56	55	61	36	18	44	50	57	81
46	52	65	50	35	32	45	49	57	64
30	69	50	52	45	46	49	53	59	37
40	27	54	61	61	31	42	48	54	68
36	59	51	45	51	56	40	56	54	5
46	56	57	49	32	45	42	55	56	40
42	60	54	49	33	40	63	53	54	25
23	55	59	53	44	48	48	49	51	37
41	63	49	46	34	46	52	53	41	40

试对闭卷（X_1、X_2）和开卷（X_3、X_4、X_5）两组变量进行典型相关分析。

（9）Dunham 在研究职业满意度与职业特性的相关程度时，对从一大型零售公司各分公司挑出的 784 位行政人员测量了五个职业特性变量：用户反馈、任务重要性、任务多样性、任务特性及自主性。七个职业满意度变量：主管满意度、事业前景满意度、财政满意度、工作强度满意度、公司地位满意度、工种满意度及总体满意度。两组变量的样本相关矩阵为：

$$
\hat{R}_{11} = \begin{bmatrix} 1.00 & & & & \\ 0.49 & 1.00 & & & \\ 0.53 & 0.57 & 1.00 & & \\ 0.49 & 0.46 & 0.48 & 1.00 & \\ 0.51 & 0.53 & 0.57 & 0.57 & 1.00 \end{bmatrix}
$$

$$
\hat{R}_{22} = \begin{bmatrix} 1.00 & & & & & & \\ 0.43 & 1.00 & & & & & \\ 0.27 & 0.33 & 1.00 & & & & \\ 0.24 & 0.26 & 0.25 & 1.00 & & & \\ 0.34 & 0.54 & 0.46 & 0.28 & 1.00 & & \\ 0.37 & 0.32 & 0.29 & 0.30 & 0.35 & 1.00 & \\ 0.40 & 0.58 & 0.45 & 0.27 & 0.59 & 0.31 & 1.00 \end{bmatrix}
$$

$$
\hat{R}_{12} = \hat{R}_{21} = \begin{bmatrix} 0.33 & 0.32 & 0.20 & 0.19 & 0.30 & 0.37 & 0.21 \\ 0.30 & 0.21 & 0.16 & 0.08 & 0.27 & 0.35 & 0.20 \\ 0.31 & 0.23 & 0.14 & 0.07 & 0.24 & 0.37 & 0.18 \\ 0.24 & 0.22 & 0.12 & 0.19 & 0.21 & 0.29 & 0.16 \\ 0.38 & 0.32 & 0.17 & 0.23 & 0.32 & 0.36 & 0.27 \end{bmatrix}
$$

试对职业满意度与职业特性进行典型相关分析。

（10）试对一实际问题进行典型相关分析。

第8章 多变量的可视化分析

8.1 实验目的

本实验旨在使学生理解并掌握 SPSS 软件包中多变量的可视化分析的基本原理以及基本操作等，主要包括以下几个方面：
（1）理解各种多变量图表示法的作图思想。
（2）了解各种多变量图表示法的作图方法。
（3）能够利用所作的多变量图形对数据进行探索性分析。

8.2 实验原理

图形是我们直观了解和认识数据的一种可视化手段。如果能将所研究的数据直接显示在一个平面图上，便可以一目了然地看出分析变量间的数量关系。直方图、散点图等就是我们常用的二维平面图示方法。虽然三维数据也可以用三维图形来表示，但观测三维数据却存在一定的难度，而且在许多实际问题中，多变量数据的维数通常又都大于3，那么如何用图形直观表现三维以上的数据呢？自20世纪70年代以来，多变量数据的可视化分析研究就一直是人们关注的一个问题。从研究的成果来看，主要可以分为两类：一类是使高维空间的点与平面上的某种图形对应，这种图形能反映高维数据的某些特点或数据间的某些关系；另一类是对多变量数据进行降维处理，在尽可能多地保留原始信息的原则下，将数据的维数降为2维或1维，然后再在平面上表示。例如，前面介绍的主成分分析法、因子分析法、多维尺度法等就属于此类方法。这里仅介绍五种实用而有效的多变量可视化方法。

8.3 常用的多变量图形

8.3.1 折线图

折线图是将多个样品观测数据以折线的方式表示在平面图中的一种多变量可视化图

形。折线图用线段的升降来表示变量的大小，常用于表示现象在时间上的变化趋势、现象的分配情况和两个现象之间的依存关系等。

8.3.1.1 折线图的作图原理

（1）做平面坐标系，横坐标取 p 个点，表示 p 个变量，纵坐标表示变量取值。

（2）对给定的样品观测值，在 p 个点的纵坐标上标出相应的变量取值。

（3）将表示 p 个变量取值的点连接成一条折线，即得到了表示一个样品观测数据的折线，n 次观测可绘出 n 条折线，构成多变量折线图。

【例8-1】表8-1是2003年我国华北地区五个省市城镇居民家庭平均每人全年消费性支出的六项指标数据。

表8-1 华北五省市城镇居民家庭平均每人全年消费性支出 单位：元

地区	食品	衣着	医疗保健	交通和通信	教育文化娱乐服务	居住
北京	3522.69	906.21	994.01	1688.08	1964.19	955.77
天津	2963.85	579.7	697.76	721.28	1083.91	1095.61
河北	1912.42	587.6	550.9	607.75	660.58	595.24
山西	1712.13	725.81	367.47	478.09	799.35	561.49
内蒙古	1705.56	793.53	425.88	596.21	770.5	618.18

8.3.1.2 在 SPSS 中作折线图的方法

（1）将原始数据输入 SPSS 中。注意数据的组织形式要像图8-1那样，即把不同地区当成变量，而把支出指标当成观测。

图8-1 作折线图时数据的组织形式

（2）选择菜单项【图形】→【旧对话框】→【线图】，打开【线图】对话框，如图8-2所示。在对话框上方的三个选项用于选择折线图的形式，由于这里是多变量作图，所以选择多线线图。在对话框下面的三个选项中选择【个案值】。单击【定义】按钮，打开【定义多线线图】见图8-3对话框。

图 8-2　【线图】对话框　　　图 8-3　【多线线图】对话框

（3）在【定义多线线图】对话框中，如图 8-3 所示，将代表不同地区的五个变量移入【线的表征】列表框中，将代表支出指标的变量（variable）移入【变量】框中。单击【确定】按钮，即可作出如图 8-4 所示的折线图。从图中可以清楚地看出北京市几乎各项支出都排在第一，而山西省则几乎每项支出都是最低的。

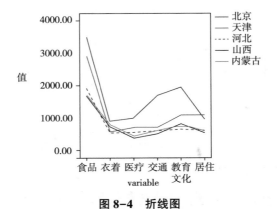

图 8-4　折线图

8.3.2　条形图

条形图是由若干平行条状的矩形所构成，而以每一个矩形的高度来代表数值的大小。按图 8-1 所示的方式在 SPSS 中组织好数据。

8.3.2.1　条形图的制作步骤

条形图的制作步骤如下：

（1）选择菜单项【图形】→【旧对话框】→【条形图】，打开【条形图】对话框，在对话框上方的三个选项中选择条形图的形式，由于这里是多变量作图，所以选择【复式条形图】。在对话框下面的三个选项中选择【个案值】。单击【定义】按钮，打开【定义】对话框，如图 8-5 所示。

（2）在【定义】对话框中，将代表不同地区的五个变量移入【条的表征】列表框中，将代表支出指标的变量移入【变量】框中，如图 8-6 所示。单击【确定】按钮，即可作出如图 8-7 所示的条形图。

8.3.2.2　结论

图 8-5　【条形图】对话框

图 8-6　【定义复式条形图：个案值】对话框

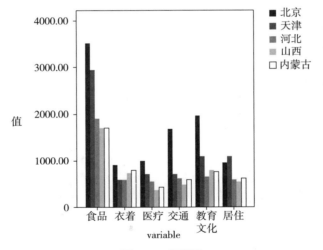

图 8-7　条形图

可以发现，折线图和条形图的作图过程几乎相同，作图原理也大同小异，折线图是以折线的高低来表示变量的大小，条形图是以矩形的高低来表示变量的大小。从图 8-7 中也可以得出与折线图同样的结论：北京市各项支出都比较高，而山西省各项支出都比较低。

8.3.3　散点图

散点图又称散布图，它是以点的分布反映变量之间相关关系的可视化方法。矩阵散点图则是一种反映多个变量之间相关关系的二维散点图。

8.3.3.1 制作步骤

利用 SPSS 制作矩阵散点图的步骤如下：

（1）在 SPSS 中按图 8-8 的形式组织数据，即把支出指标当成变量，而把不同地区当成观测。

 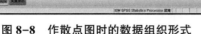

图 8-8　作散点图时的数据组织形式　　　图 8-9　散点图/点图对话框

（2）选择菜单项【图形】→【旧对话框】→【散点/点状】，打开【散点/点状】对话框，如图 8-9 所示。该对话框用于选择散点图的形式。选定【矩阵分布】，即矩阵散点图，单击【定义】按钮，打开【散点图矩阵】对话框，如图 8-10 所示。

（3）在打开的【散点图矩阵】对话框中，将食品、衣着、居住三个变量移入矩阵变量列表框中，将标志变量地区移入标注个案列表框中。

（4）点击【确定】按钮，将得到如图 8-11 所示的矩阵散点图。

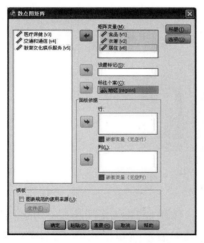
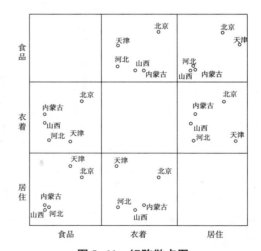

图 8-10　散点图矩阵对话框　　　　　图 8-11　矩阵散点图

8.3.3.2 结论

从图 8-11 中可以看出，河北、山西、内蒙古在居住和食品消费支出方面与北京、天津相比较低，食品与居住支出变量之间存在一定的线性关系。天津在衣着支出方面较低，与最低的河北接近，与最高居住支出形成鲜明对比。北京则除在居住支出方面低于天津外，其他方面支出均高于华北其他省份。内蒙古则在衣着支出方面仅次于北京，显示出某种特殊消费特征。

另外，还可以作三维立体散点图。只需在【散点图/点图】对话框（见图 8-9）中选择【3-D 分布】选项。在跳出的【3-D 散点图】对话框中将食品、衣着、居住三个变量分别移入 Y Axis、X Axis 和 Z Axis 列表框中，将标志变量地区移入标注个案列表框中，如图 8-12 所示。然后点击【选项】按钮，在【选项】对话框中，选中使用个案标签显示图表，如图 8-13 所示。单击【继续】→【确定】，则作出如图 8-14 所示的三维立体散点图。

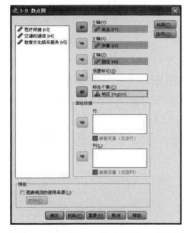

图 8-12   【3-D 散点图】对话框

图 8-13   【选项】对话框

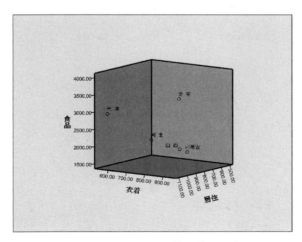

图 8-14   三维立体散点图

矩阵散点图不仅可以在二维平面上同时反映多个变量数值，而且可以用于直观反映多个变量间是否存在某种关系。与三维立体图相比，有着更好的可视性。比较图 8-11 与图 8-14 不难看出这一点。

8.3.4 雷达图

雷达图是一种较为常用的多变量可视化图形。在雷达图中，每个变量都有它自己的数值轴，每个数值轴都是从中心向外辐射。由于图形就好像雷达荧光屏上的图像，故称其为雷达。又像蜘蛛网，所以也称蛛网图。

雷达图的作图方法如下：

（1）作一圆，并按变量的个数 p 将圆周分成 p 等份。

（2）连接圆心和各分点，将这 p 条半径连线依次定义为各变量的坐标轴，并标以适当的刻度。

（3）将每个变量值分别标在相应的坐标轴上，把 p 个点相连就形成了一个 p 边形，n 次观测值就可画出 n 个 p 边形。

例如，根据表 8-1 中的数据，调用 Excel 图表向导，选择雷达图，然后按图表向导提示，即可制作出如图 8-15 至图 8-21 所示的雷达图。图 8-15 画出了北京、天津和河北的雷达图，从图 8-15 中可以看出，三省市消费支出结构有较大差异。北京人均消费支出的各项指标都高，对应面积最大的六边形，其次是天津，在三个省（市）中面积最小的是河北，天津在居住支出方面与北京较为接近，而在衣着、交通和通信支出方面则与河北接近。其他支出方面三地存在较大差异。利用雷达图的形状、面积大小，可以对样品进行初始分类分析。

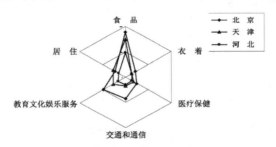

图 8-15 输出的三省市雷达图

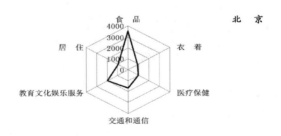

图 8-16 输出的北京雷达图

为了加强雷达图的效果，在雷达图中适当地分配坐标轴是很重要的，具体的分配办法要结合分析的问题而定。例如，可将要对比的指标分布在左、右或上、下方，以便于对比分析。当观测次数 n 较大和指标较多时，画出的雷达图线段太多，图形的效果会很差。为了获

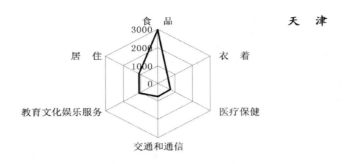

图 8-17 输出的天津雷达图

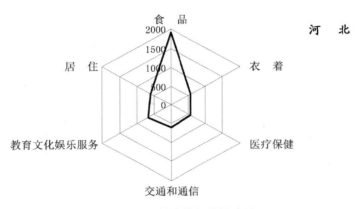

图 8-18 输出的河北雷达图

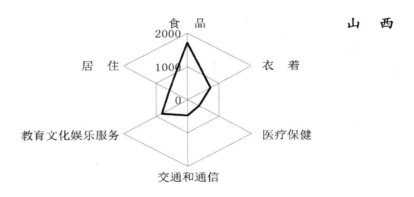

图 8-19 输出的山西雷达图

得较好的可视化效果，在一张雷达图上可以画几个样品观测数据，甚至一张雷达图只画一个样品观测数据。如图 8-15 至图 8-21 所示，对这些图进行比较分析，也可了解其特点。

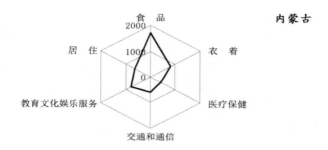

图 8-20 输出的内蒙古雷达图

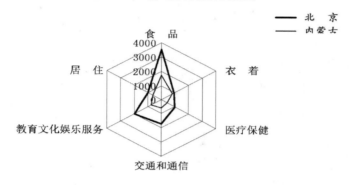

图 8-21 输出的北京、内蒙古雷达图

8.4 实验练习

（1）试述对多变量进行可视化分析的方法和意义。

（2）折线图、条形图、散点图、雷达图适用的场合及特点是什么？

（3）下表 8-2 为我国华北地区五个省份 2010 年全社会固定资产投资资金来源的五项指标数据（单位：亿元）。试分别利用折线图、条形图、散点图、雷达图等多变量可视化方法对数据进行分析。

表 8-2 华北五省份 2010 年社会固定资产投资资金来源数据表

地区	国家预算内资金	国内贷款	利用外资	自筹资金	其他资金
北京	91.2	2189.3	43.8	3240.2	2752.4
天津	53.0	1678.2	125.0	3998.9	1032.1
河北	373.5	2161.5	87.8	12331.8	1595.3
山西	456.8	918.5	32.7	3974.8	765.0
内蒙古	378.7	1090.3	7.5	7188.5	404.0

下 篇
综合篇

第9章 经济发展水平评价指标选择与综合评价

9.1 实验目的

本实验旨在使学生综合运用多元统计分析理论与方法及其在 SPSS 中的相关操作,掌握经济发展水平综合评价方法,提高学生的综合应用能力。具体包括以下几个方面:

(1) 运用聚类分析方法对某地区经济发展水平评价指标进行筛选。

(2) 运用多元统计分析中的因子分析方法对经济发展水平进行综合评价。

9.2 实验原理

9.2.1 基于聚类分析的某地区经济发展水平评价指标体系的筛选

在对经济发展水平进行综合评价过程中,评价指标的选择是否合适,直接影响到综合评价的结论。科学的综合评价指标体系应该同时具备全面性和代表性,但是全面性并不意味着指标越多越好,指标选择过多,会产生许多重复性指标,相互之间产生干扰,对综合指标有不利影响;指标选择太少,所选择指标可能缺乏足够的代表性,会产生片面性。所以,如何科学地选择指标,构建指标体系是在分析经济发展水平评价指标体系研究中首先要解决的问题。

在众多的反映经济发展水平的指标中,挑选出尽可能少又能很好地揭示评价信息,客观地反映评价结果的代表性指标作为综合评价指标,可以降低评价成本,增加可操作性,同时又能克服由于指标过多、信息重复交叉而带来的建模及参数识别上的困难,保证评价精度的提高。

在综合评价指标的筛选中,完全依靠主观方法或者客观的统计学方法都是不科学的。单纯的主观方法(如专家评议法)选择综合评价指标,往往主观随意性太强,不同的专家对于代表性指标和重要性指标的看法不同,难以协调统一,而且选出的指标之间很容易存在较大的相关性或者指标的鉴别力不强。然而,单纯运用统计学方法又会出现指标体系经济意义差的问题。所以,经济发展水平综合评价体系指标的筛选必须采用主客观相结合的方法，在充分发挥主观能动性，即对经济发展水平评价体系认识的基础之上，再结合适当的统计学方法来进行。指标筛选方法的思路和步骤如下：

（1）根据经济意义进行指标分类。从经济发展水平的内涵出发，对主要综合评价指标按照指标的经济意义进行分类。

（2）对每类中的指标再进行 R 型聚类分析，将其分成若干子类。

（3）在子类中运用统计学方法选择代表性指标，若该子类只有一个指标，则将其直接选入评价指标体系；若某子类有两个以上的指标，则计算该子类中各指标与其他指标的复相关系数。某指标的复相关系数在该类最大，则可以认为该指标所包含本类的信息最丰富，对该类指标的代表性最强，按此原理，复相关系数最大的指标入选。

9.2.2　基于因子分析的经济发展水平的综合评价

因子分析是通过研究多个指标的相关矩阵内部依赖关系，找出控制所有变量的少数公因子，将每个指标变量表示成公因子的线性组合，以再现原始变量与公因子之间的相关关系。因子分析的目的是寻求变量基本结构，简化观测系统，减少变量维数，用少数的变量来解释所研究的复杂问题。

设有 N 个样本，p 个指标，$X = (X_1, X_2, \cdots, X_n)'$ 为可观测的随机变量，要寻求的公共因子为 $f = (f_1, f_2, \cdots, f_q)$，则因子分析模型为：

$$\begin{cases} X_1 = \mu_1 + a_{11}F_1 + \cdots + a_{1q}F_q + \varepsilon_1 \\ X_2 = \mu_2 + a_{21}F_1 + \cdots + a_{2q}F_q + \varepsilon_2 \\ \qquad\qquad\qquad \vdots \\ X_p = \mu_1 + a_{p1}F_1 + \cdots + a_{pq}F_q + \varepsilon_p \end{cases}$$

在因子分析过程中，我们将每个公共因子表示为变量的线性组合，进而用变量的观测值来估计每个公因子的值（即因子得分）。其数学模型为：

$$F_i = b_{i1}X_1 + b_{i2}X_2 + \cdots + b_{in}X_n \quad (i = 1, 2, \cdots, n)$$

其中，F_i 为第 i 个因子得分。

9.3　实验数据

9.3.1　经济发展水平综合评级指标体系筛选数据

本实验结合 2017 年全国 31 个省份经济发展水平的数据进行分析。选择的指标分别从经济发展及其资金供应能力、医疗、教育、交通、通信等方面描述各地区的经济社会综合发展状况和发展潜力。详细数据如表 9-1 所示。

表 9-1 2017 年全国 31 个省份经济发展水平 20 项指标数据

地区	GDP （亿元）	人均 GDP （万元/人）	人均出口额 （美元/人）	出口额占 GDP 比重（%）	第一产业产值占 GDP 比重（%）	第三产业产值占 GDP 比重（%）
北京	16251.93	8.05109	1566.69	0.301284	0.838485	76.07207
天津	11307.28	8.344856	3325.959	0.617087	1.412541	46.15823
河北	24515.76	3.385916	495.1544	0.226419	11.8525	34.60292
山西	11237.55	3.127623	213.8811	0.105878	5.707828	35.24674
内蒙古	14359.88	5.786284	243.5808	0.065177	9.096873	34.92989
辽宁	22226.7	5.071116	1166.83	0.356248	8.618328	36.70801
吉林	10568.83	3.844036	197.6394	0.079604	12.08686	34.81852
黑龙江	12582	3.28169	241.1759	0.113785	13.52329	36.16253
上海	19195.69	8.177217	8457.188	1.601285	0.650875	58.04876
江苏	49110.27	6.217434	4107.446	1.022843	6.240589	42.43962
浙江	32318.85	5.915953	4375.021	1.144995	4.898194	43.87604
安徽	15300.65	2.563782	263.568	0.15917	13.1714	32.52117
福建	17560.18	4.720478	2169.801	0.711676	9.181227	39.17238
江西	11702.82	2.607327	370.9441	0.220273	11.88662	33.50645
山东	45361.85	4.707051	1395.585	0.459045	8.760335	38.29405
河南	26931.03	2.868665	230.8537	0.124596	13.04161	29.67477
湖北	19632.26	3.409858	331.3635	0.150458	13.08713	36.91383
湖南	19669.56	2.982225	166.3151	0.086345	14.07266	38.331
广东	53210.28	5.065307	5361.486	1.638806	5.008807	45.28768
广西	11720.87	2.52333	184.9439	0.113479	17.46654	34.11291
海南	2522.66	2.87535	254.5303	0.137056	26.13234	45.54439
重庆	10011.37	3.429726	512.3984	0.231311	8.435609	36.19694
四川	21026.68	2.61201	268.7401	0.159296	14.18916	33.35781
贵州	5701.84	1.643788	75.93893	0.071526	12.73659	48.77882
云南	8893.12	1.920428	134.0749	0.108093	15.86631	41.62532
西藏	605.83	1.997461	311.7244	0.241624	12.29223	53.24431
陕西	12512.3	3.343211	180.8415	0.08375	9.757599	34.81222
甘肃	5020.37	1.957878	61.22241	0.048414	13.51992	39.11644
青海	1670.44	2.940036	59.75923	0.03147	9.283782	32.33759
宁夏	2102.21	3.287528	314.8105	0.148261	8.759353	41.00066
新疆	6610.05	2.99272	628.9375	0.325379	17.23179	33.96525

续表

地区	每万人高校在校学生数（人）	每万人中等学校在校学生数（人）	每万人拥有教师数（人）	每万人卫生技术人员数（人）	每万人医疗床位数（张）	（铁路、公路+内河航道里程）/地区总面积（公里/万平方公里）	人均邮电业务总量（元/人）
北京	291.235	83.71247	139.2648	24.68498	46.93104	13437.76	2806.156
天津	331.8834	79.77417	114.5203	35.29705	36.47454	14264.02	1301.025
河北	158.7253	147.2264	108.5096	7.112538	36.8039	8638.012	745.2738
山西	165.452	141.5333	137.688	9.038659	43.73281	8896.271	850.5942
内蒙古	154.9093	124.0753	120.6289	7.109936	40.54986	1458.661	987.4861
辽宁	205.8478	92.99042	98.09081	10.84034	49.23911	7453.137	1078.359
吉林	204.7097	96.73057	120.6182	6.504596	44.09673	5186.683	867.8409
黑龙江	185.1768	84.30334	108.8589	10.34455	43.1025	3663.914	802.7434
上海	217.8026	65.60623	86.19955	33.71589	45.63656	23446.59	2400.133
江苏	210.0844	117.3576	101.0248	36.39124	37.52342	17431.66	1248.981
浙江	166.1142	119.3485	90.91708	37.32462	35.65056	12088.75	1649.809
安徽	166.097	158.8445	105.5342	9.429407	34.21749	11327.95	618.6127
福建	181.3922	154.0543	118.2255	20.29659	33.3957	8052.563	1373.191
江西	184.6075	130.8511	110.4008	5.340233	30.20428	9287.688	622.0328
山东	170.7574	122.1469	106.6313	18.76434	43.18232	15509.79	839.4971
河南	159.7936	166.9972	119.8443	9.995004	37.24031	15156.58	643.0225
湖北	232.7917	125.2132	106.4587	12.38062	38.9023	12068.95	749.9194
湖南	161.9037	118.0711	98.93565	8.714537	39.06953	11679.96	667.0211
广东	145.3856	144.7451	105.9456	32.96193	30.94171	11411.43	1797.27
广西	129.1914	181.2601	108.7365	4.339074	32.73175	4809.989	703.0084
海南	178.6081	169.5386	131.6377	1.808991	32.44466	7044.938	1069.139
重庆	194.5231	130.0219	111.3645	9.472936	39.61185	15099.25	835.6393
四川	141.5299	157.2955	96.20981	4.576248	41.57304	6179.992	753.8848
贵州	99.20086	109.524	118.9251	2.757213	33.88397	9280.246	632.2905
云南	105.2846	124.8754	108.2135	2.231731	37.45228	5744.139	699.8146
西藏	106.7392	65.1731	121.2957	0.072535	31.62545	518.2374	841.1895
陕西	257.7815	161.3242	134.4822	8.237188	41.10698	7642.756	931.2927
甘肃	158.064	129.6944	131.1962	3.62945	37.01247	2796.024	671.8903
青海	80.47063	140.9033	103.0537	3.226147	40.68677	921.4836	849.887
宁夏	137.415	175.9324	120.0907	6.203456	40.35499	3900.955	900.5249
新疆	117.1358	110.0366	137.6315	1.955778	70.24462	0.404304	3962.403

地区	人均钢产量（吨/人）	人均发电量（万千万小时/人）	人均农用地面积（公顷/人）	地方财政收入占 GDP 比重（%）	人均实际利用外资额（元/人）	人均固定资产投资额（万元/人）	每万人申请专利数（个）
北京	0.001437	1302.784	0.054294	17.56487	145.9061	2.763761	38.61835
天津	1.694244	4583.469	0.05112	8.883746	699.8878	5.215989	28.40517
河北	2.272036	3213.834	0.180685	5.500584	154.1067	2.26356	2.430077
山西	0.971442	6523.713	0.28231	7.767529	54.17785	1.968567	3.553855
内蒙古	0.672802	11978.96	3.837259	6.864194	51.58782	4.176624	1.547723
辽宁	1.237696	3125.553	0.25617	8.885035	868.4093	4.044327	8.464978
吉林	0.329805	2581.899	0.596245	5.905952	243.0561	2.706657	2.981003
黑龙江	0.1741	2176.708	0.98914	5.896121	59.78769	1.949761	6.111633
上海	0.948046	4043.69	0.015653	16.52829	629.0693	2.113806	34.17098
江苏	0.865804	4763.382	0.085021	8.398691	1571.944	3.379327	44.10556
浙江	0.243438	5084.02	0.158732	9.134019	495.7097	2.596611	32.41186
安徽	0.329851	2740.198	0.187503	7.243548	178.0908	2.087079	8.136059
福建	0.313683	4248.522	0.288454	7.142922	1040.865	2.664218	8.689516
江西	0.46069	1626.223	0.315576	6.640194	392.659	2.024669	2.155093
山东	0.587808	3288.222	0.120019	5.738589	477.5755	2.775727	11.37273
河南	0.252534	2753.057	0.13082	4.690129	107.2392	1.89273	3.62974
湖北	0.497897	3623.639	0.254482	5.435492	350.5916	2.18104	7.383413
湖南	0.275914	2041.664	0.271364	4.653892	272.2171	1.80134	4.475105
广东	0.126061	3619.747	0.141755	8.548461	546.412	1.624888	18.68394
广西	0.260958	2236.964	0.384631	5.501298	144.1996	1.72027	1.745102
海南	0	1970.844	0.321716	11.72136	387.6194	1.88893	1.697176
重庆	0.216033	1994.416	0.237081	8.800694	372.0767	2.560253	10.97602
四川	0.214805	2460.484	0.526685	7.311758	158.197	1.766736	6.178137
贵州	0.125118	3976.279	0.439524	9.087242	43.13291	1.221177	2.407516
云南	0.285739	3358.124	0.685834	9.917217	25.45413	1.336918	1.54401
西藏	0	895.8127	25.58722	7.564828	157.5833	1.702308	0.867128
陕西	0.204671	3266.366	0.493711	7.463376	87.25512	2.519928	8.610859
甘肃	0.319711	4008.673	0.931265	5.65775	68.40874	1.546605	2.06186
青海	0.245525	8151.258	7.695615	7.174756	133.8719	2.526668	1.288347
宁夏	0.044976	14689.19	0.652761	8.425895	138.4956	2.572119	1.687388
新疆	2.856183	2686.681	2.856183	2.097216	61.98912	0.744662	2.144238

资料来源：2012 年《中国统计年鉴》。

用 A1 表示国内生产总值（GDP），A2 表示人均 GDP，A3 表示人均出口额，A4 表示出口额占 GDP 比重，A5 表示第一产业产值占 GDP 比重，A6 表示第三产业产值占 GDP 比重，A7 表示人均钢产量，A8 表示人均发电量，A9 表示人均农用地面积，B1 表示每万人高校在校学生数，B2 表示每万人中等学校在校学生数，B3 表示每万人拥有教师数，B4 表示每万人申请专利数，C1 表示每万人卫生技术人员数，C2 表示每万人医疗床位数，D1 表示地方财政收入占 GDP 比重，D2 表示人均实际利用外资额，D3 表示人均固定资产投资额，E1 表示人均邮电业务总量，F1 表示（铁路、公路+内河航道里程）/地区总面积。

9.3.2 经济发展水平综合评价指标选择

9.3.2.1 指标分类及样本数据的预处理

对地区经济发展水平的评价指标按经济发展及其资金供应能力、医疗、教育、交通、通信六个方面进行分类（见表9-2）。

表 9-2 地区经济发展水平评价指标体系初选指标

指标类型	代码	指标名称	计量单位
经济发展能力	A1	国内生产总值	亿元
	A2	人均 GDP	万元/人
	A3	人均出口额	万美元
	A4	出口额占 GDP 比重	%
	A5	第一产业占 GDP 比重	%
	A6	第三产业占 GDP 比重	%
	A7	人均钢产量	吨/人
	A8	人均发电量	万千瓦小时/人
	A9	人均农用地面积	公顷/人
教育水平	B1	每万人高校在校学生数	人
	B2	每万人中等学校在校学生数	人
	B3	每万人拥有教师数	人
	B4	每万人申请专利数	人
医疗能力	C1	每万人卫生技术人员数	人
	C2	每万人医疗床位数	人
资金供应能力	D1	地方财政收入占 GDP 比重	%
	D2	人均实际利用外资额	元/人
	D3	人均固定资产投资额	万元/人
通信	E1	人均邮电业务总量	元/人
交通	F1	（铁路、公路+内河航道里程）/地区总面积	公里/平方公里

选择 2011 年全国 31 个省份数据作为样本，所有数据来源于 2012 年《中国统计年鉴》，在分析前先对指标进行一致化处理，然后再进行指标的无量纲化处理（Z-得分方法

无量纲化处理，由 SPSS 软件自动完成）。

9.3.2.2　对类指标的聚类分析及筛选

（1）经济发展能力指标的筛选。

将全国 31 个省份的样本数据录入 SPSS，进行经济发展能力指标的聚类分析。聚类分析采用系统默认的类平均法，选择欧式平方距离作为距离的测度，聚类结果如图 9-1 所示。

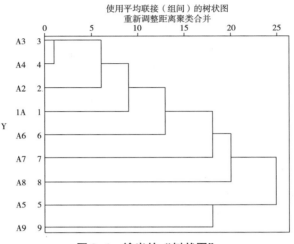

图 9-1　输出的"树状图"

根据图 9-1 的聚类分析结果，可以将经济发展能力的九个指标分成两类，即 A1、A2、A3、A4、A6、A7 和 A8 分为一类，A5 和 A9 分为一类。

对于第一类：A1、A2、A3、A4、A6、A7 和 A8，分别计算每个指标对于其他指标的复相关系数。首先计算 A1 对其他变量的复相关系数。其计算过程步骤为：

第一步：打开数据集，在菜单中选择【分析】→【回归】→【线性】命令，如图 9-2 所示。

第二步：将 A1 输入【因变量】对话框，将其余指标输入【自变量】对话框，如图 9-3 所示。

图 9-2　数据编辑窗口

图 9-3　"线性回归"对话框

第三步：单击【统计量】按钮，出现如图9-4所示的对话框。选择输出默认选项。单击【继续】按钮回到主对话框，然后单击【确定】按钮。

图9-4　"线性回归：统计量"对话框

在输出结果中，选择模型汇总输出，如图9-5所示。在模型汇总输出图中，R输出的就是复相关系数。因此，A1的复相关系数记为 R_{A1} ，为0.828。

模型汇总

模型	R	R 方	调整 R 方	标准 估计的误差
1	.828a	.686	.572	8644.701749535

a. 预测变量: (常量), 人均农用地面积（公顷/人），人均发电量（万千瓦小时/人），人均钢产量（吨/人），出口额占GDP比重（%），第三产业产值占GDP比重(%)，第一产业产值占GDP比重（%），人均GDP（万元/人），人均出口额（万美元）。

图9-5　输出的"模型汇总"

将上述步骤重复，得到其他变量的复相关系数。结果如下：

$R_{A2} = 0.903$, $R_{A3} = 0.984$, $R_{A4} = 0.983$, $R_{A6} = 0.769$, $R_{A7} = 0.489$, $R_{A8} = 0.514$ 。

可以看出，A3指标（人均出口额）最大，将A3入选。

对于第二类：A5和A9，同样分别计算每个指标对于其他指标的复相关系数，结果如下：

$$R_{A5} = 0.810 , R_{A9} = 0.528$$

可以看出，A5指标（第一产业占GDP比重）最大，将A5入选。

这样，在经济发展能力的指标中，通过筛选，选择A3（人均出口额）和A5（第一产业占GDP的比重）两个指标作为反映地区经济发展能力的代表性指标。

（2）教育水平指标的筛选。将全国31个省份的教育水平指标进行聚类分析。仍然采用系统默认的类平均法，选择欧式平方距离作为距离的测度，聚类结果如下：

根据图9-6的聚类分析结果，可以将经济发展能力的四个指标分成两类，即：B1和B4分为一类，B2和B3分为一类。

对于第一类：B1和B4，分别计算每个指标对于其他指标的复相关系数。首先计算B1

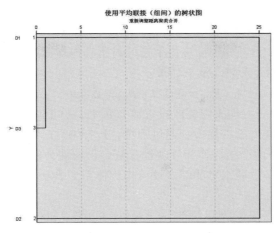

图 9-6　输出的"树状图"

对其他变量的复相关系数。结果如下：
$$R_{B1} = 0.661，R_{B4} = 0.708$$

可以看出，B4 指标（每万人申请专利数）最大，将 B4 入选。

对于第二类：B2 和 B3，分别计算每个指标对于其他指标的复相关系数。结果如下：
$$R_{B2} = 0.418，R_{B3} = 0.436$$

可以看出，B3 指标（每万人拥有教师数）最大，将 B3 入选。

这样，在教育水平的指标中，通过筛选，选择 B3（每万人拥有教师数）和 B4（每万人申请专利数）两个指标作为反映地区教育水平的代表性指标。

（3）医疗能力指标的筛选。由于医疗能力指标只选择两个指标，故直接将两个指标作为代表性指标进行分析。

（4）资金供应能力指标的筛选。将全国 31 个省份的资金供应能力指标进行聚类分析。仍然采用系统默认的类平均法，选择欧式平方距离作为距离的测度，聚类结果如图 9-7 所示。

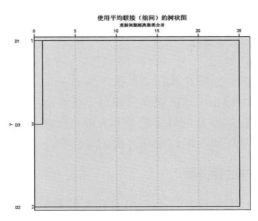

图 9-7　输出的"树状图"

根据图 9-7 的聚类分析结果，可以将资金供应能力的三个指标分成两类，即：D1 和 D3 分为一类，D2 自成一类。

对于第一类：D1 和 D3，分别计算每个指标对于其他指标的复相关系数。分别计算 D1 和 D3 对其他变量的复相关系数。结果如下：

$$R_{D1} = 0.227 , R_{D3} = 0.496$$

可以看出，D3 指标（人均固定资产投资额）最大，将 D3 入选。

这样，在资金供应能力的指标中，通过筛选，选择 D3（人均固定资产投资额）和 D2（人均实际利用外资额）两个指标作为反映地区资金供应能力的代表性指标。

综上所述，地区经济发展水平的综合评价指标体系如表 9-3 所示。

表 9-3　地区经济发展水平评价指标体系初选指标

指标类型	代码	指标名称	计量单位
经济发展能力	A3	人均出口额	美元/人
	A5	第一产业占 GDP 比重	%
教育水平	B3	每万人拥有教师数	人
	B4	每万人申请专利数	人
医疗能力	C1	每万人卫生技术人员数	人
	C2	每万人医疗床位数	张
资金供应能力	D2	人均实际利用外资额	元/人
	D3	人均固定资产投资额	万元/人
通信	E1	人均邮电业务总量	元/人
交通	F1	（铁路、公路+内河航道里程）/地区总面积	公里/平方公里

9.3.3　基于因子分析的经济发展水平的综合评价

9.3.3.1　基于因子分析综合评价方法的基本步骤：

第一步：指标选择、样本选择。

第二步：数据的标准化处理。

第三步：根据标准化数据矩阵计算相关系数矩阵 R。

第四步：计算 KMO 和 Bartlett 球形检验，即对于是否适用因子分析的检验。

第五步：计算相关系数矩阵 R 的特征值及其方差贡献率。

第六步：对综合因子进行线性加权求和，得到综合得分 F。

9.3.3.2　实验结果与过程分析

（1）现以 2011 年全国 31 个省份的上述 20 项指标的数据为样本，进行因子分析，数据如表 9-1 所示。采用 Z-得分法进行无量纲化处理，这个过程由 SPSS 软件自动完成。经计算得出标准化数据的相关系数矩阵如图 9-8 所示。结果表明，一些指标的相关性还是比较大的。

相关矩阵

		A3	A5	B3	B4	C1	C2	D2	D3)	F1	E1
相	A3	1.000	-.638	-.465	.782	.867	-.012	.601	.220	.645	.478
关	A5	-.638	1.000	.200	-.709	-.746	-.067	-.368	-.535	-.517	-.287
	B3	-.465	.200	1.000	-.282	-.381	.228	-.402	-.142	-.401	.205
	B4	.782	-.709	-.282	1.000	.909	.041	.627	.410	.699	.461
	C1	.867	-.746	-.381	.909	1.000	-.076	.680	.461	.708	.375
	C2	-.012	-.067	.228	.041	-.076	1.000	-.130	-.039	-.140	.673
	D2	.601	-.368	-.402	.627	.680	-.130	1.000	.486	.512	.137
	D3	.220	-.535	-.142	.410	.461	-.039	.486	1.000	.227	-.070
	F1	.645	-.517	-.401	.699	.708	-.140	.512	.227	1.000	.099
	E1	.478	-.287	.205	.461	.375	.673	.137	-.070	.099	1.000

图 9-8　输出的"相关矩阵"

（2）进行 KMO 和 Bartlett 球形检验，结果如图 9-9 所示。由于 KMO 统计量的值为 0.703，大于 0.7。认为变量间的相关性比较大，比较适合因子分析。同时，Bartlett 球形检验的近似卡方统计量值为 227.824，其 P 值为 0.000，即认为相关系数矩阵显著非单位阵，即变量间存在较强的相关性。

KMO 和 Bartlett 的检验

取样足够度的 Kaiser-Meyer-Olkin 度量。		.703
Bartlett 的球形度检验	近似卡方	227.824
	df	45
	Sig.	.000

图 9-9　输出的"KMO 和 Bartlett 检验"结果

（3）计算相关系数矩阵 R 的特征值及其方差贡献率，输出结果如图 9-10 所示。

解释的总方差

成份	初始特征值			提取平方和载入			旋转平方和载入		
	合计	方差的 %	累积 %	合计	方差的 %	累积 %	合计	方差的 %	累积 %
1	4.940	49.404	49.404	4.940	49.404	49.404	4.030	40.305	40.305
2	1.902	19.020	68.424	1.902	19.020	68.424	1.742	17.416	57.721
3	1.035	10.349	78.773	1.035	10.349	78.773	1.439	14.387	72.107
4	.688	6.879	85.652	.688	6.879	85.652	1.355	13.545	85.652
5	.569	5.687	91.339						
6	.415	4.153	95.493						
7	.183	1.829	97.322						
8	.150	1.503	98.825						
9	.066	.656	99.481						
10	.052	.519	100.000						

提取方法：主成份分析。

图 9-10　输出的"解释的总方差"

在实际评价中，通常只选择前几个方差大的综合因子，这样既简化了指标之间的联系，又达到了以尽可能少的指标反映尽可能多信息的目的。通常要求选取的综合因子的累计方差贡献率大于 85%。这里我们选择前四个综合因子代替原来的 10 个指标。

（4）以各因子的方差贡献率占累计方差贡献率的比重为权重进行线性加权求和，得到各地区经济发展水平的综合得分 F。

$$F = W_1F_1 + W_2F_2 + W_3F_3 + W_4F_4 = \frac{49.404F_1 + 19.020F_2 + 10.349F_3 + 6.879F_4}{85.682}$$

因此，采用因子分析法对地区经济发展水平进行综合评价，评价结果如表 9-4 所示。

表 9-4　各地区的因子得分

序号	地区	F1		F2		F3		F4		F	
		F1	排名	F2	排名	F3	排名	F4	排名	F	排名
1	北京	1.90	2	1.18	2	0.32	11	-2.67	31	0.98	3
2	天津	1.26	6	-0.29	17	2.69	1	-0.53	22	0.81	4
3	河北	-0.40	17	-0.48	25	-0.16	14	0.18	15	-0.30	22
4	山西	0.19	9	-0.13	14	0.02	13	-1.95	30	-0.09	12
5	内蒙古	-1.01	28	0.13	8	2.00	3	-0.70	27	-0.26	17
6	辽宁	-1.04	30	1.10	3	2.22	2	1.79	1	0.17	10
7	吉林	-0.79	26	0.30	5	0.65	6	-0.21	20	-0.24	16
8	黑龙江	-0.72	23	0.24	6	-0.22	16	0.33	12	-0.29	21
9	上海	2.64	1	1.10	4	-1.21	30	1.50	3	1.46	1
10	江苏	1.61	4	0.05	10	1.25	4	1.55	2	1.05	2
11	浙江	1.57	5	0.03	11	-0.16	15	0.91	6	0.80	5
12	安徽	-0.12	14	-0.84	29	-0.48	20	0.29	14	-0.28	20
13	福建	0.30	7	-0.17	16	0.67	5	0.32	13	0.21	8
14	江西	-0.23	16	-1.08	31	-0.31	18	0.15	16	-0.37	24
15	山东	0.27	8	-0.04	13	0.39	9	0.50	9	0.21	9
16	河南	0.18	11	-0.82	28	-0.73	24	-0.59	23	-0.23	15
17	湖北	-0.19	15	-0.35	21	-0.22	17	0.56	7	-0.15	14
18	湖南	-0.43	18	-0.34	19	-0.64	23	1.04	5	-0.27	19
19	广东	1.81	3	-0.31	18	-1.13	28	0.15	17	0.66	6
20	广西	-0.74	24	-0.66	27	-0.76	25	0.44	10	-0.55	30
21	海南	-0.76	25	-0.47	24	-0.86	26	-0.16	19	-0.58	31
22	重庆	0.19	10	-0.40	22	0.18	12	-0.05	18	0.02	11
23	四川	-0.84	27	0.12	9	-0.53	22	1.22	4	-0.34	23
24	贵州	-0.10	13	-0.92	30	-1.18	29	-0.62	26	-0.44	26
25	云南	-0.71	22	-0.35	20	-1.06	27	0.37	11	-0.51	28
26	西藏	-0.63	21	-0.64	26	-0.39	19	-0.60	25	-0.53	29
27	陕西	-0.04	12	-0.17	15	0.34	10	-1.58	29	-0.14	13
28	甘肃	-0.48	19	-0.46	23	-0.52	21	-1.13	28	-0.48	27
29	青海	-1.10	31	0.18	7	0.57	7	0.52	8	-0.37	25
30	宁夏	-0.57	20	-0.02	12	0.54	8	-0.60	24	-0.26	18
31	新疆	-1.02	29	4.51	1	-1.30	31	-0.42	21	0.33	7

9.4 实验练习

现有我国31个省（自治区、直辖市）工业经济效益的10项指标，具体数据如表9-5所示。运用聚类分析法、因子分析法对我国31个省（自治区、直辖市）工业经济效益进行综合评价研究。

表9-5 我国31个省（自治区、直辖市）工业经济效益指标数据

地区	工业增加值率	总资产贡献率	资产负债率	流动资产	工业成本	产品销售率	工业利税贡献率	全员劳动生产率	净资产收益率（%）
北京	8.7	7.59	49.95	1.64	7.46	98.92	72.564	123.71	4.4606
天津	14.7	17.8	62.48	2.3	9.79	99.26	71.832	139.72	11.12
河北	10.5	15.08	60.18	3.25	7	98.08	71.304	111.5	8.8893
山西	8.7	12.07	67.32	1.74	8.01	96.61	59.132	75.31	5.7826
内蒙古	12.4	18.65	60.79	2.63	14.68	98.22	75.211	143.84	12.012
辽宁	11	14.78	57.23	2.96	6.26	98.38	70.57	113.24	7.9931
吉林	11	18.12	54.5	3.42	7.34	98.34	72.295	121.26	9.883
黑龙江	13.2	23.82	56.24	2.27	14.97	97.2	71.176	85.782	12.138
上海	9.6	13.39	52.28	2.03	6.93	98.89	72.986	120.46	7.6519
江苏	11.1	15.63	58.19	2.56	6.97	98.74	69.408	98.621	9.277
浙江	9.5	12.46	61.08	1.89	6.29	97.77	68.369	78.413	6.5539
安徽	10.6	15.78	59.53	3.02	7.04	97.63	67.509	97.985	8.6855
福建	9.1	18.04	52.2	2.77	8.42	97.5	75.08	67.961	11.379
江西	11.1	20.46	56.03	4.04	7.15	98.91	68.686	88.438	11.908
山东	11.3	19.88	55.65	3.54	7.7	98.49	71.253	115.73	11.67
河南	13.4	22.68	53.88	3.89	9.48	98.55	74.721	85.645	14.223
湖北	12	14.73	59.09	2.69	7.28	97.34	72.426	100.39	8.063
湖南	11	24.57	56.65	4.14	7.97	98.62	62.973	91.092	11.846
广东	10	14.98	59.01	2.4	6.64	97.63	68.276	65.37	8.7162
广西	10.5	16.32	62.01	2.69	7.73	95.4	70.413	87.258	8.7853
海南	13.3	19.11	52.68	2.35	1.27	98.52	71.493	137.35	8.8586
重庆	10.8	13.66	60.72	2.58	6.02	97.36	64.366	81.278	7.0845
四川	11.2	16.08	61.24	2.69	7.94	97.69	64.883	80.123	8.4165
贵州	16.5	14.56	64.67	1.95	9.98	95.09	65.79	65.34	6.5259
云南	12	16.49	61.19	1.79	9.18	96.75	61.245	85.862	5.7871
西藏	11.6	6.04	28.81	0.74	18.27	99.5	67.848	45.92	3.7065
陕西	12.5	19.09	56.61	1.85	17.03	96.52	73.278	91.321	11.467
甘肃	11.6	10.61	64.04	2.19	4.38	95.48	57.899	103.59	3.4977
青海	9.7	12.05	63.24	1.59	14.47	95.09	72.653	104.56	6.5809
宁夏	7.2	8.77	65.67	1.73	7.58	95.9	68.577	83.298	4.344
新疆	15.2	18.29	53.79	2.32	16.9	98.2	75.544	109.84	10.357

资料来源：2012年《中国统计年鉴》。

第 10 章　对我国各地区按三次产业产值进行分类和判别

10.1　实验目的

本实验旨在使学生综合运用聚类分析和判别分析以及在 SPSS 中的相关操作。具体包含以下两个方面:

(1) 运用聚类分析法对我国省、自治区、直辖市按三次产业产值进行分类。

(2) 运用判别分析法对未分类的省、自治区、直辖市进行判断。

10.2　实验原理

10.2.1　聚类分析

聚类分析 (Cluster Analysis) 是指将个体或对象分类,使得同一类中对象之间的相似性比与其他类对象的相似性更强。

10.2.2　判别分析

判别分析 (Discriminant Analysis) 是多变量统计分析中用于判别样品所属类型的一种统计分析方法。

10.3　实验数据

本实验采用 2003 年我国 28 个省份三次产业产值数据,如表 10-1 所示。

表 10-1　我国 28 个省份三次产业产值　　　　　　　单位：亿元

地区	第一产业	第二产业	第三产业	地区	第一产业	第二产业	第三产业
北京	95.64	1311.86	2255.6	湖北	798.35	2580.58	2022.78
天津	89.66	1245.29	1112.71	湖南	886.47	1794.21	1958.05
河北	1064.33	3657.19	2377.04	广东	1093.52	7307.08	5225.27
山西	215.19	1389.33	852.07	广西	652.28	1007.96	1074.89
内蒙古	420.1	973.94	756.38	海南	248.33	151.16	271.44
辽宁	615.8	2898.89	2487.85	重庆	336.36	977.3	936.9
吉林	486.9	1143.39	892.33	四川	1128.61	2266.06	2361.65
黑龙江	500.8	2532.45	1396.75	云南	502.84	1069.29	893.16
上海	90.64	3130.72	3029.45	西藏	40.62	47.99	95.89
江苏	1106.35	6787.11	4567.37	陕西	320.03	1133.56	944.99
浙江	728	4941	3726	甘肃	236.61	607.62	460.37
安徽	732.81	1780.6	1458.97	青海	46.15	184.26	159.8
江西	560	1227.38	1043.08	宁夏	55.5	192	137.84
河南	1239.7	3551.94	2256.95	新疆	412.9	796.84	667.87

10.4　实验过程与结果分析

10.4.1　基于聚类分析对我国省、自治区、直辖市按三次产业产值进行分类

10.4.1.1　K-均值聚类基本步骤

K-均值聚类过程使用的是非系统聚类法中最常用的 K-均值聚类法（K-means Clustering），该方法也被称为快速聚类法或逐步聚类法。在实际操作中，该方法主要按照以下的步骤来对实际问题进行分析：

第一步，选择分析变量。

第二步，指定聚类数目，即指定要将样品聚为几类。

第三步，选择 K 个样品作为聚类的种子，也称为初始聚类中心。K 的最小值为 2，最大值不超过样本个数。

第四步，按照距初始聚类中心距离最小原则将各观察量分到各聚类中心所在的类中去，形成第一次迭代的 K 类。

第五步，计算每类中所有变量的均值，作为第二次迭代的聚类中心。

第六步，重复第四、第五步，直到达到指定的迭代次数（系统默认为 10 次）或达到

迭代终止的条件（即收敛因子，本次迭代产生的新的类聚类中心距上次迭代后确定的类聚类中心的最大距离小于0.02），聚类过程结束。

第七步，输出聚类结果。

第八步，根据研究对象的背景知识，按某个分类标准或分类原则，得出最终的分类结果。

应当注意的是，在初始聚类中心的选择上，虽然选择性较大，但也应根据实际工作的需要和以往的经验，指定比较合理的初始聚类中心，否则就应适当增加迭代次数，以保证最终聚类结果的合理性和准确性。为了检验聚类的稳定性，可用一个新的初始分类重新检验整个聚类算法。如最终分类与原来一样，则不必再进行计算；否则，须另行考虑聚类算法。

10.4.1.2 实验结果与过程分析

应用K-均值聚类法可得各观测量所属类成员表和最终的类中心表，如表10-2和图10-1所示。

表 10-2 聚类成员

地区	聚类	距离	地区	聚类	距离
北京	3	1388.216	湖北	3	163.621
天津	2	647.252	湖南	3	801.363
河北	3	1180.496	广东	1	1206.789
山西	2	609.797	广西	2	555.302
内蒙古	2	210.505	海南	2	780.91
辽宁	3	488.33	重庆	2	302.434
吉林	2	430.693	四川	3	540.507
黑龙江	3	793.517	云南	2	384.505
上海	3	1217.37	西藏	2	1000.498
江苏	1	464.917	陕西	2	414.351
浙江	1	1625.303	甘肃	2	311.796
安徽	3	1041.697	青海	2	858.826
江西	2	603.976	宁夏	2	864.156
河南	3	1134.576	新疆	2	107.129

综合表10-2和图10-1，可以清楚地看到，28个省份被分成三类。第一类包括三个省份，分别是江苏、浙江和广东，这一类的类中心三个产业的产值分别为975.96亿元、6345.06亿元和4506.21亿元，属于三个产业都比较发达的地区。第二类包括15个省份，分别是天津、山西、内蒙古、吉林、江西、广西、海南、重庆、云南、西藏、陕西、甘肃、青海、宁夏和新疆，这一类的类中心三个产业的产值分别为308.23亿元、809.82亿元和686.65亿元，属于三个产业都是欠发达地区。第三类包括10个省份，分别是北京、河北、辽宁、黑龙江、上海、安徽、河南、湖北、湖南、四川，这一类的类中心三个产业

最终聚类中心

	聚类		
	1	2	3
x1	975.96	308.23	715.32
x2	6345.06	809.82	2550.45
x3	4506.21	686.65	2160.51

图 10-1 输出的"最终聚类中心"

的产值分别为 715.32 亿元、2550.45 亿元和 2160.51 亿元，属于三个产业都是中等发达地区。

应用系统聚类法也可得到类似的结果，如图 10-2 所示。

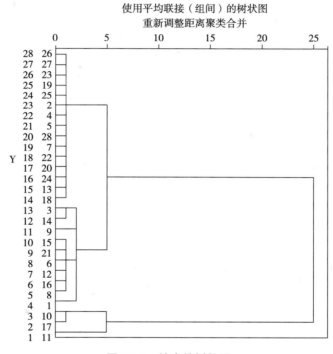

图 10-2 输出的树状图

10.4.2 基于判别分析对未分类的省（自治区、直辖市）进行判断

10.4.2.1 判别分析过程的基本步骤

对于分成 k 组的研究对象，可建立 $k-1$ 个典型判别函数和 k 个 Fisher 线性判别函数，然后将各样品的自变量回代到判别函数中，计算其判别分数或属于各组的概率，根据数据的大小判别样品所属组别，对比样品的原始组别给出错判率。其具体操作步骤如下：

第一步，选择自变量及组变量。

第二步，计算各组单变量描述统计量，包括组内均值、组内标准差、总均值、总标准差、各组协方差矩阵、组间均值相等及协方差矩阵相等的零假设进行检验。

第三步，推导判别系数，给出标准化或非标准化的典型判别函数系数，并对函数显著性进行检验。

第四步，建立 Fisher 线性判别模型。

第五步，进行判别分组，根据 Bayes 规则或 Fisher 规则进行判别分组。

第六步，进行样品回判分析，计算错判率。

第七步，输出结果。

第八步，结合研究对象的实际情况分析输出结果，做出结论。

10.4.2.2　实验结果与过程分析

现已知福建、山东和贵州的三个产业的产值，如表 10-3 所示。

表 10-3　福建、山东和贵州三次产业产值　　　　　　　单位：亿元

地区	第一产业	第二产业	第三产业
福建	692.94	2491.73	2046.5
山东	1480.67	6656.85	4298.41
贵州	298.37	579.31	478.43

由贝叶斯判别法可得判别函数系数表和个案观察结果表，如图 10-3 和图 10-4 所示。

分类函数系数

	案例的类别号		
	1	2	3
x1	.000	.003	.006
x2	.007	-.001	-.001
x3	.015	.004	.011
（常量）	-55.895	-2.596	-13.827

Fisher 的线性判别式函数

图 10-3　输出的"分类函数系数"

由表 10-4 可知，已经分类的 28 个省份中，通过判别分析有 27 个省份的分类与原来的分类是一致的，只有黑龙江的分类和原来是不一致的，这说明原来的分类是比较准确的。未分类的三个省份，福建被分到第三类，属于中等发达地区，山东被分到第一类，属于发达地区，贵州被分到第二类，属于欠发达地区。

按照案例顺序的统计量

案例数目	实际组	最高组					第二最高组			判别式得分	
		预测组	P(D>d G=g) p	df	P(G=g D=d)	到质心的组平方 Mahalanobis 距离	组	P(G=g D=d)	到质心的组平方 Mahalanobis 距离	函数1	函数2
1	3	3	.568	2	.991	1.132	2	.009	10.565	.479	1.649
2	2	2	.534	2	.966	1.256	3	.034	7.924	-1.160	-.944
3	2	2	.469	2	1.000	1.515	2	.000	17.502	2.069	.042
4	2	2	.424	2	.992	1.715	2	.008	11.375	-1.449	-1.469
5	2	2	.968	2	.992	.066	2	.008	9.766	-1.910	-.157
6	3	3	.743	2	.999	.593	2	.000	15.796	1.791	.486
7	2	2	.838	2	.977	.353	3	.023	7.809	-1.617	.018
8	3	2**	.040	2	.587	6.432	3	.413	7.135	.040	-1.695
9	3	3	.112	2	.998	4.381	1	.002	17.027	2.812	.399
10	1	1	.871	2	1.000	.276	3	.000	42.594	7.272	-1.280
11	1	1	.126	2	.998	4.139	3	.002	16.414	4.903	-.560
12	3	3	.319	2	.705	2.288	2	.295	4.026	-.438	.795
13	2	2	.571	2	.922	1.121	3	.078	6.060	-1.364	.432
14	3	3	.753	2	1.000	.568	2	.000	15.906	1.793	.541
15	3	3	.975	2	.993	.051	2	.007	9.855	.887	.642
16	3	3	.173	2	.992	3.510	2	.008	13.151	.237	2.443
17	1	1	.260	2	1.000	2.697	2	.000	58.543	8.550	.864
18	2	2	.231	2	.875	2.933	3	.125	6.826	-1.489	1.269
19	2	2	.579	2	1.000	1.092	3	.000	18.353	-3.119	-.108
20	2	2	.853	2	.979	.318	3	.021	7.960	-1.639	-.003
21	3	3	.056	2	1.000	5.782	2	.000	22.350	1.076	3.172
22	2	2	.780	2	.975	.497	3	.025	7.826	-1.671	.229
23	2	2	.353	2	1.000	2.084	3	.000	22.977	-3.393	-.969
24	2	2	.844	2	.979	.339	3	.021	8.009	-1.517	-.369
25	2	2	.858	2	.999	.307	3	.001	15.116	-2.539	-.668
26	2	2	.404	2	1.000	1.814	3	.000	21.818	-3.211	-1.090
27	2	2	.380	2	1.000	1.935	3	.000	22.197	-3.238	-1.129
28	2	2	.949	2	.996	.104	3	.004	11.037	-2.154	-.014
29	未分组的	3	.958	2	.992	.085	2	.008	9.645	.880	.550
30	未分组的	1	.887	2	1.000	.239	3	.000	33.468	6.731	-.446
31	未分组的	2	.904	2	.999	.201	3	.001	14.392	-2.545	-.367

（左侧竖排标签：初始）

**. 错误分类的案例。

图10-4　输出的"按照案例顺序的统计量"

第11章　上市公司经营业绩综合评价

11.1　实验目的

本实验项目旨在使学生综合运用多元统计分析理论与方法及其在 SPSS 中的相关操作，掌握上市公司经营业绩综合评价方法，提高学生的综合应用能力。具体包括以下两个方面：

（1）运用因子分析法对上市公司经营业绩进行综合评价。

（2）运用 Q 型聚类法对上市公司按照因子得分进行分类。

11.2　实验原理

11.2.1　基于因子分析的上市公司经营业绩综合评价

因子分析是通过研究多个指标的相关矩阵内部依赖关系，找出控制所有变量的少数公因子，将每个指标变量表示成公因子的线性组合，以再现原始变量与公因子之间的相关关系。因子分析的目的是寻求变量基本结构，简化观测系统，减少变量维数，用少数的变量来解释所研究的复杂问题。

设有 N 个样本，p 个指标。$X = (X_1, X_2, \cdots, X_p)'$ 是可实测的 p 个指标所构成 p 维随机向量，要寻找的公因子为 $F = (F_1, F_2, \cdots, F_m)'$，则模型：

$$\begin{cases} X_1 = a_{11}F_1 + a_{12}F_2 + \cdots + a_{1m}F_m + \varepsilon_1 \\ X_2 = a_{21}F_1 + a_{22}F_2 + \cdots + a_{2m}F_m + \varepsilon_2 \\ \quad\quad\quad\quad\quad\quad\quad\vdots \\ X_p = a_{p1}F_1 + a_{p2}F_2 + \cdots + a_{pm}F_m + \varepsilon_p \end{cases}$$

为因子分析模型。

在因子分析过程中，我们将每个公因子表示为变量的线性组合，进而用变量的观测值来估计每个公因子的值（即因子得分）。其数学模型为：

$$F_i = \beta_{i1}X_1 + \beta_{i2}X_2 + \cdots + \beta_{ip}X_p, \quad i = 1, 2, \cdots, m$$

其中，F_i 为第 i 个因子得分。

11.2.2　基于聚类分析的上市公司按照因子得分进行分类

聚类分析法是一种建立分类的多元统计分析方法，能在未事先指定分类标准的前提下，根据样本数据的诸多特征，将样本按照性质上的"亲疏程度"进行自动分类，产生多个分类结果。同类个体的特征具有相似性，不同类个体的特征存在较大差异。个体"亲疏程度"的度量标准极为重要，它直接影响聚类结果。一般从个体间差异程度的角度来度量个体"亲疏程度"。为了定义和测度个体间的差异程度，可将具有 k 个特征的样本个体数据看成 k 维空间中的一点，然后用 k 维空间中两点间的距离代表个体间的差异程度。两点间的距离越小，意味着它们所代表的个体越"亲密"，越可能聚成一类；两点间的距离越大，它们越可能分属不同类别。我们可通过聚类分析将上市公司分成不同类别，研究其经营绩效的差异，并结合原始数据和因子分析结果，进一步对其经营绩效进行综合评价。

11.3　实验数据

本实验项目采用湖南省 35 家上市公司 20 项业绩评价指标数据进行分析，数据来源于各上市公司 2006 年年报，如表 11-1 所示。

表 11-1　湖南省 35 家上市公司 20 项业绩评价指标数据

公司	A1	A2	A3	A4	A5	B1	B2	B3	B4	B5
嘉璎新材	2.33	1.9	21.46	1.44	0.12	0.95	0.74	49.42	7.94	45.48
中联重科	18.66	11.65	35.86	19.67	0.59	1.34	0.82	51.09	-2.52	47.61
通程控股	3.85	2.66	20.49	1.87	0.13	0.65	0.4	50.32	20.81	45.05
华天酒店	4.01	4.59	51.71	6.55	0.15	1.06	1.01	41.44	24.61	55.68
张家界	7.26	4.92	63.69	4.35	0.09	1.6	1.58	41.83	45.37	56.71
湖南投资	6.05	5.6	26.38	4.19	0.2	1.73	1.52	24.83	14.79	68.88
湘火炬 A	17.03	9.41	19.3	2.84	0.24	1.07	0.64	69.14	2.66	12.84
紫光古汉	-10.15	-4.66	40.32	-3.72	0.13	0.86	0.6	62.18	-6.02	37.72
岳阳恒立	1.08	0.84	26.38	0.31	0.01	1.03	0.76	69.09	-4.47	27.42
金德发展	10.17	8	28.17	4.77	0.14	1.86	1.6	52.12	24.58	45.27
正虹科技	1.81	2.24	12.25	1.07	0.05	1.22	0.81	40.23	16.41	55.36
金果实业	0.58	0.66	27.76	0.29	0.03	1.08	0.56	49.63	-11.04	47.98
南方摩托	0.89	0.56	11.01	0.54	0.02	1.54	1.31	40.06	-32.21	59.59
湘计算机	0.27	0.57	26.34	0.19	0.01	2.64	1.97	25.53	1.13	70.55
湘酒鬼	-9.29	-4.95	41.31	-4.33	-0.31	1.37	0.84	48.2	-1.15	51.32
岳阳兴长	6.4	5.54	7.99	3.77	0.15	1.6	0.83	42.76	-35.22	54.77

公司	A1	A2	A3	A4	A5	B1	B2	B3	B4	B5
现代投资	2.13	1.79	64.29	1.22	0.14	0.68	0.68	43.16	94.7	56.6
南方建材	4.5	2.99	10.41	1.49	0.08	0.69	0.57	62.25	30.76	32.1
天一科技	2.67	2.02	20.79	1.64	0.05	1.77	1.34	35.82	7.55	61.89
电广传媒	1.99	0.16	26.67	0.96	0.18	1.45	1.36	48.58	39.8	47.88
亚华种业	4.47	1.38	35.91	1.39	0.18	0.88	0.41	63.44	6.61	30.91
九芝堂	7.59	8.59	38.58	6.97	0.38	4.28	3.15	17.26	39.01	80.87
隆平高科	2.70	3.16	31.45	2.06	0.21	4.62	2.56	18.26	80.58	73.94
金健来业	1.14	0.67	16.79	0.59	0.03	1.07	0.83	43.30	1.82	55.79
益鑫泰	−27.43	−15.51	−5.66	−15.54	−0.51	1.35	1.09	39.29	−3.38	60.67
洞庭水殖	4.22	2.32	26.70	2.01	0.27	1.50	0.96	50.23	0.74	44.38
国光瓷业	1.78	1.16	25	0.55	0.06	0.93	0.57	68.37	−2.28	28.44
金瑞科技	−0.85	−0.60	15.48	−0.57	−0.06	1.47	1.00	34.18	−3.65	59.60
湘电股份	5.11	4.70	28.02	2.98	0.17	1.63	1.32	44.91	11.13	54.94
时代新材	9.01	9.02	43.44	6.95	0.36	2.60	2.09	26.88	−25.69	68.86
浏阳花炮	0.37	0.32	18.93	0.19	0.01	2.68	1.85	40.45	−31.08	50.17
湖南海利	2.57	2.07	23.03	1.40	0.06	1.47	1.02	49.17	14.26	47.82
华银电力	0.71	0.39	8.45	0.36	0.03	1.53	1.21	50.53	4.27	48.53
金荔科技	6.33	3.87	40.26	2.24	0.16	0.57	0.38	63.32	3.76	31.01

公司	C1	C2	C3	C4	C5	D1	D2	D3	D4	D5
嘉瓅新材	0.31	3.58	2.38	2.04	8.15	3.38	−51.48	52.43	19.24	4.49
中联重科	0.58	3.09	1.68	7.49	7.35	22.94	50.13	76.48	76.32	60.64
通程控股	0.57	72.14	3.84	4.8	11.36	4.01	6.00	17.07	1.33	−17.34
华天酒店	0.36	25.16	11.39	0.73	31.62	1.29	−27.23	12.65	20.55	22.85
张家界	0.21	18.34	6.21	5.35	22.98	7.9	12.19	11.99	7.66	22.66
湖南投资	0.16	4.92	2.33	2.33	12.82	3.82	62.9	1.05	−20.32	−32.32
湘火炬A	1.32	7.87	3.96	5.59	5.7	24.07	83.88	85.64	162.65	101.14
金瑞科技	0.37	5.37	2.01	3.73	13.29	−0.78	−37.96	25.19	49.94	29.66
湘电股份	0.7	4.15	3.46	7.71	10.68	5.38	−18.57	12.98	36.41	22.71
时代新材	0.47	2.51	2.36	10.14	14.49	9.72	18.66	27.43	31.12	23.99
浏阳花炮	0.61	3.54	2.24	11.62	7.84	−2.02	−95.01	6.36	16.32	−0.78
湖南海利	0.36	3.04	1.27	4.35	9.5	28.46	−45.38	32.19	12.44	−12.29
华银电力	0.25	4.6	3.22	0.4	2.74	0.11	426.62	12.27	39.37	45.87

公司	C1	C2	C3	C4	C5	D1	D2	D3	D4	D5
金荔科技	0.24	8.4	1.88	1.34	8.09	7.24	−30.59	32.32	31.48	35.02
紫光古汉	0.34	1.37	1.22	17.1	25.81	−8.94	−740.1	−5.48	−19.7	−10.2
岳阳恒立	0.42	2.42	1.84	5.68	59.37	−2.92	−64.47	9.85	17.42	10.89
金德发展	0.6	5.33	6.66	2.52	9.14	13.92	−7.35	7.22	1.5	1.77
正虹科技	0.98	27.26	5.93	5.7	3.93	0.68	−48.98	14.41	24.71	−3.36
金果实业	0.24	4.1	1.23	5.33	11.03	0.47	−82.48	11.14	11.78	−0.4
南方摩托	0.41	1.29	4.05	3.66	5.38	0.75	169.12	1.17	32.58	5.42
湘计算机	0.36	2.43	1.6	12.09	14. 14	0.19	−90.37	0.17	−20.66	−25.19
湘酒鬼	0.16	1.51	0.28	25.73	31.52	−8.82	34.75	−12.97	−12.49	−12.16
岳阳兴长	1.58	55.79	6.13	1.35	3.28	5.49	5.08	16.22	27.49	23.02
现代投资	0.11	15.46	218.3	0.13	34.97	2.11	−39.44	2.76	−8.09	−11.58
南方建材	1.31	68.3	15.85	3.65	3.43	5.63	−24.81	6.86	19.37	12.77
天一科技	0.29	2.52	1.63	4.43	9.99	2.84	0.09	−2.00	15.27	8.13
电广传媒	0.2	8.83	6.58	7.72	16.28	2.17	17.93	2.2	41.58	2.93
亚华种业	0.53	6.52	1.62	20.83	7.68	4.36	92.76	1.63	64.29	69.87
华菱管线	1.17	50.64	17.64	1.00	3.54	15.23	42.03	37.08	31.01	65.64
九芝堂	0.86	15.57	2.94	23.05	6.33	112.1	30.46	31.23	12.53	19.15
隆平高科	0.43	13.97	1.06	10.99	16.66	2.77	119.34	7.11	24.07	39.00
金健来业	0.25	7.7	1.85	7.72	16.97	0.87	109.69	−14.32	0.16	31.5
益鑫泰	0.52	3.54	4.81	3.59	10.43	−22.63	−51.65	−12.41	5.98	−205.5
洞庭水殖	0.32	5.92	1.28	4.79	10.8	4.4	−32.6	15.61	8.1	−7.57
国光瓷业	0.4	2.74	1.47	5.03	14.5	4.59	−72.23	17.01	−4	−8.74

注：具体指标名称及计量单位如表 11-2 所示。

资料来源：金融界网站（www.jrj.com.cn）。

11.4　实验过程及结果分析

11.4.1　上市公司经营业绩综合评价指标选择

在借鉴"金融界"网站（www.jrj.com.cn）公布的财务分析指标、国有资本金绩效评价指标及"证星体系"评价指标的基础上，对上市公司业绩评价指标按盈利能力、经营效率、偿债能力、成长能力四个方面进行分类（见表 11-2）。

表 11-2　上市公司经营业绩评价初选指标

指标类型	代码	指标名称	计量单位	指标类型	代码	指标名称	计量单位
	A1	净资产收益率	%		C1	总资产周转率	%
	A2	总资产利润率	%		C2	应收账款周转率	%
盈利能力	A3	主营业务利润率	%	经营效率	C3	存货周转率	%
	A4	资产净利率	%		C4	营业费用比率	%
	A5	每股收益	元		C5	管理费用比率	%
	B1	流动比率	倍		D1	股东权益增长率	%
	B2	速动比率	倍		D2	净利润增长率	%
偿债能力	B3	资产负债率	%	成长能力	D3	总资产增长率	%
	B4	现金流动负债比率	%		D4	主营业务收入增长率	%
	B5	股东权益比	%		D5	主营业务利润增长率	%

11.4.2　基于因子分析的上市公司经营业绩综合评价

因子分析综合评价方基于因子分析综合评价方法的基本步骤如下。

11.4.2.1　KMO 和 Bartlett 的检验

Bartlett 球形检验和 KMO 检验的结果如图 11-1 所示。由图 11-1 可知，KMO 检验统计量为 0.544，大于 0.5；Bartlett 球形检验的统计量为 718.710，P 值远小于 0.01。这说明该样本数据适合做因子分析。

KMO 和 Bartlett 的检验

取样足够度的 Kaiser-Meyer-Olkin 度量		0.544
Bartlett 的球形度检验	近似卡方	718.710
	df	190
	Sig.	0.000

图 11-1　输出的"KMO 和 Bartlett 检验结果"

11.4.2.2　计算相关系数矩阵 R 的特征值及方差贡献率

相关系数矩阵的特征值及方差贡献率如图 11-2 所示。

11.4.2.3　因子得分及经营绩效评价

首先根据因子得分系数矩阵（见图 11-3）与原始变量的标准化值求解因子得分，其次根据 35 家上市公司的各公共因子得分（见表 11-3）与各公共因子的方差贡献率占公共因子累积方差贡献率的比重求解 35 家上市公司的综合得分（见表 11-4）。

解释的总方差

成份	初始特征值			提取平方和载入			旋转平方和载入		
	合计	方差的 %	累积 %	合计	方差的 %	累积 %	合计	方差的 %	累积 %
1	5.944	29.721	29.721	5.944	29.721	29.721	5.719	28.594	28.594
2	4.077	20.384	50.105	4.077	20.384	50.105	3.978	19.890	48.485
3	2.641	13.205	63.310	2.641	13.205	63.310	2.338	11.688	60.172
4	1.833	9.165	72.475	1.833	9.165	72.475	2.171	10.853	71.025
5	1.318	6.592	79.067	1.318	6.592	79.067	1.608	8.042	79.067
6	.945	4.727	83.794						
7	.783	3.915	87.709						
8	.655	3.274	90.983						
9	.471	2.353	93.336						
10	.330	1.648	94.984						
11	.241	1.204	96.187						
12	.216	1.080	97.267						
13	.174	.872	98.140						
14	.147	.736	98.876						
15	.101	.506	99.382						
16	.056	.280	99.662						
17	.041	.204	99.867						
18	.016	.079	99.946						
19	.006	.029	99.975						
20	.005	.025	100.000						

提取方法：主成份分析。

图 11-2 输出的"解释的总方差"

成份得分系数矩阵

	成份				
	1	2	3	4	5
A1	.166	-.005	.033	-.025	-.070
A2	.158	.034	.058	.019	-.026
A3	.104	.005	.179	-.226	.178
A4	.162	.030	.057	-.051	-.032
A5	.157	.022	.056	.012	.068
B1	.024	.207	-.114	-.005	.073
B2	.020	.224	-.046	-.018	.031
B3	.032	-.251	-.061	-.028	.124
B4	.007	-.009	.354	.104	.012
B5	-.046	.249	.089	.012	-.115
C1	.001	-.009	-.029	.421	.171
C2	-.046	.016	.204	.435	.082
C3	-.008	.019	.339	-.024	-.111
C4	.026	.026	-.151	-.001	.476
C5	.009	-.055	.108	-.224	.136
D1	.092	.103	.026	.135	.217
D2	.032	.074	-.043	-.125	-.491
D3	.133	-.065	-.087	-.009	-.033
D4	.107	-.097	-.202	-.063	-.116
D5	.165	-.060	-.074	-.105	.009

提取方法：主成份。
旋转法：具有 Kaiser 标准化的正交旋转法。
构成得分。

图 11-3 输出的"成份得分系数矩阵"

表 11-3 各因子得分

公司名称	f1	f2	f3	f4	f5
嘉璟新材	0.09282	-0.56928	-0.22566	-0.24397	-0.54189
中联重科	2.5071	-0.3611	-0.37094	-0.54266	-0.29284
通程控股	-0.35189	-0.53806	0.95844	1.66263	-0.03548
华天酒店	0.35939	-0.06899	1.18479	-0.64279	-0.12875

公司名称	f1	f2	f3	f4	f5
张家界	0.45657	0.39665	1.22077	-0.88203	0.20512
湖南投资	-0.14886	1.15977	0.66621	-0.41475	-0.96272
湘火炬 A	2.06119	-1.91576	-1.70938	0.52965	-0.26597
紫光古汉	-1.01265	-1.17349	-0.00372	-0.30882	3.59955
岳阳恒立	-0.17501	-1.39345	-0.0548	-1.33982	0.80649
金德发展	0.40312	0.20981	0.3372	0.09284	-0.1462
正虹科技	-0.38038	-0.01749	0.03951	1.35918	-0.17155
金果实业	-0.36472	-0.45804	-0.25618	-0.47036	-0.08681
南方摩托	-0.43204	0.39309	-0.90354	-0.29276	-1.37295
湘计算机	-0.67253	1.40638	-0.06464	-0.22174	0.43407
湘酒鬼	-1.27024	-0.15172	-0.37376	-1.23736	1.49763
岳阳兴长	0.03076	0.07882	-0.28766	2.50325	-0.2775
现代投资	-0.16497	-0.1163	4.29813	-1.09454	-0.56431
南方建材	-0.2533	-0.95717	0.65429	2.69574	0.2798
天一科技	-0.30613	0.55836	-0.07557	-0.32767	-0.61889
电广传媒	-0.08424	-0.08352	0.20741	-0.47609	-0.13255
亚华种业	0.50762	-1.12601	-0.82959	-0.48774	0.88319
华菱管线	1.09261	-0.24966	1.01291	2.01102	-0.44615
九芝堂	1.37652	3.1274	0.14573	1.17171	2.28759
隆平高科	0.18349	2.21746	-1.39055	-0.6812	-0.16414
金健来业	-0.48194	0.02975	-0.05588	-0.46281	-0.5617
益鑫泰	-3.70413	0.17758	-0.70971	0.85504	-0.72036
洞庭水殖	0.06519	-0.19921	-0.07822	-0.29128	-0.07847
国光瓷业	-0.2219	-1.13155	-0.24553	-0.30331	0.34218
金瑞科技	-0.3614	0.05326	-0.59238	-0.283	-0.74728
湘电股份	0.29528	0.15008	-0.19153	0.00171	0.03511
时代新材	0.98331	1.3252	-0.35274	-0.74267	0.06971
浏阳花炮	-0.41586	0.59827	-1.07135	0.03349	0.4981
湖南海利	0.00241	-0.09219	-0.10474	-0.02024	0.00935
华银电力	-0.13456	-0.02727	-0.73521	-0.52469	-2.3729
金荔科技	0.51938	-1.25161	-0.04215	-0.62399	-0.25852

表 11-4 企业绩效综合得分

上市公司名称	企业绩效综合得分	排名
九芝堂	1.34	1
华菱管线	0.56	2
中联重科	0.52	3

上市公司名称	企业绩效综合得分	排名
时代新材	0.43	4
张家界	0.27	5
现代投资	0.27	6
岳阳兴长	0.24	7
隆平高科	0.24	8
金德发展	0.19	9
华天酒店	0.15	10
湖南投资	0.14	11
南方建材	0.13	12
湘计算机	0.09	13
湘电股份	0.09	14
通程控股	0.08	15
湘火炬 A	0.04	16
正虹科技	0.03	17
湖南海利	−0.03	18
天一科技	−0.07	19
洞庭水殖	−0.07	20
电广传媒	−0.08	21
浏阳花炮	−0.08	22
亚华种业	−0.16	23
嘉璎新材	−0.18	24
金荔科技	−0.19	25
金健来业	−0.23	26
金瑞科技	−0.25	27
紫光古汉	−0.27	28
金果实业	−0.28	29
南方摩托	−0.29	30
国光瓷业	−0.32	31
华银电力	−0.38	32
岳阳恒立	−0.41	33
湘酒鬼	−0.45	34
益鑫泰	−1.07	35

由因子得分系数矩阵可以看出，因子 1 在净资产收益率、总资产利润率、资产净利率、每股收益四个变量上有较大的载荷，我们将因子 1 命名为收益性指标，主要衡量旅游上市公司的收益能力。因子 2 在流动比率、速动比率、资产负债率、股东权益比四个变量上有较大的载荷，我们将因子 2 命名为安全性指标，主要衡量旅游上市公司的偿债能力。因子 3 在现金流动负债比率、存货周转率两个变量上有较大的载荷，我们将因子 3 命名为

收现因子。因子 4 在总资产周转率、应收账款周转率两个变量上有较大的载荷，我们将因子 4 命名为流动性指标，主要衡量旅游上市公司的资金周转能力和资金使用效率。因子 5 在净利润增长率、主营业务收入增长率两个变量上有较大的载荷，我们将因子 5 命名为成长性指标，主要考察上市公司在一定时期内经营能力的发展变化趋势即公司的发展能力。

11.4.3　基于聚类分析的上市公司经营业绩综合评价

我们对各公共因子得分进行加权平均，得到上市公司综合经营绩效的因子总得分。除了用这种简单加权平均方法衡量综合经营绩效外，我们还可利用公共因子得分进行聚类分析，对上市公司的综合经营绩效进行分类评价。

分层聚类分析如图 11-4 所示。

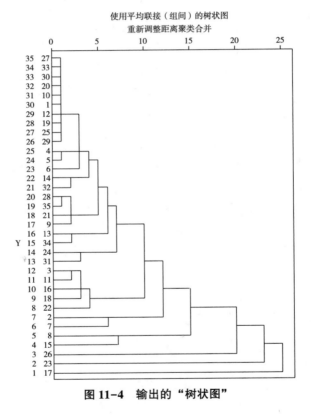

图 11-4　输出的"树状图"

表 11-5 显示了聚成四类时的聚类结果。

表 11-5　聚类分析结果

第一类	第二类	第三类	第四类
现代投资	九芝堂	益鑫泰	其他上市公司

根据图 11-4 和表 11-6，结合 35 家样本上市公司的五个公共因子得分和因子总得分，

我们可对四类样本上市公司做以下分析：第一类包括现代投资，该类公司的主要特点是收益性、安全性、收现性较强，流动性、成长性较差，可以看作保守型公司。第二类包括九芝堂，该类公司的主要特点是收益性、安全性、流动性、成长性都很强，可以看作稳定理想型公司。第三类包括益鑫泰，该类公司的主要特点是安全性、流动性一般，但是收益性、收现性、成长性都很差，可以看作消极安全型公司。第四类包括其余的 32 家公司，收益性、安全性、收现性、流动性、成长性较为均衡，可以认为是一般性公司。

参考文献

［1］张立军，任英华．多元统计分析实验［M］．北京：中国统计出版社，2009.

［2］张文彤．SPSS 统计分析高级教程［M］．北京：高等教育出版社，2004.

［3］何晓群．多元统计分析（第三版）［M］．北京：中国人民大学出版社，2011.

［4］朱建平．应用多元统计分析（第二版）［M］．北京：科学出版社，2012.

［5］张尧庭，方开泰．多元统计分析引论［M］．北京：科学出版社，1982.

［6］王国梁，何晓群．多变量经济数据统计分析［M］．西安：陕西科学出版社，1993.

［7］方开泰．实用多元统计分析［M］．上海：华东师范大学出版社，1989.

［8］于秀林，任雪松．多元统计分析［M］．北京：中国统计出版社，1999.

［9］李静萍，谢邦昌．多元统计分析：方法与应用［M］．北京：中国统计出版社，2008.

［10］杨维忠，张甜，刘荣．SPSS 统计分析与行业应用案例详解［M］．北京：清华大学出版社，2015.